国際環境論
〈増補改訂〉

長谷敏夫 著

時潮社

は　し　が　き

　わたしは1970年に環境問題（当時はむしろ公害とよばれた）に興味を覚え、国際法を通じて研究をはじめた。おりしもストックホルム会議（72年）が開かれ環境問題が国際社会に登場した。そのころ公害、環境に関する文献はきわめて少なく大きな書店に行っても見つけるのが難しい状況であった。

　今日どこの書店でも、環境コーナーがありすくなくとも2棚分の環境関係書籍があふれているのと対照的である。1990年代になり日本の大学で環境学に関する学部、研究科の設立があいついだ。

　しかし、環境問題の研究の増加は状況の悪化を反映したものに他ならない。経済成長は続き資源の収奪はいっそう貪欲になり、エネルギー消費が増大すれば、環境汚染はより深刻化するしかない。環境研究は課題の拡大に対応せざるをえない状況がつづいている。今も緑の谷間をダムで水没させ、干潟をゴミで埋め、放射性廃棄物を積み上げ、美田を高速道路の犠牲にし、携帯電話の中継アンテナと高層ビルが林立する風景が見られる。

　本書は1996年から始まった東京国際大学の国際関係学部での「国際環境論」「日本の環境政策」の講義、数々の環境保護団体との接触、環境問題研究者との交流から生まれた。本書は環境問題を概観したい人のための教養書として企画した。

　本書ではまず第一に個人の日常生活から環境を考えはじめたい。そこでは個人に環境問題がどう現れ、生活と地球的規模に達した環境問題との関係を明らかにしたい。そして個人が問題解決のために何ができるのかを問いたい。第二は、主要な地球的規模の環境問題を紹介し、その問題の解決のために形成された諸制度、国際法を検討する。第三は、環境問題を組織論の観点から検討する。国際組織、NGO、企業がいかなる対応をしているのかの検討を行なう。第四は、理論的側面および倫理から問題を考える。90年代に主流となった「持続可能な発展」という考えを検討する。本書では環境問題を、個人の視点から考え始め、国際関係論のなかで位置づけ、最後は倫理の問題と

して締めくくりたい。

　未来は若者達のものである。若者に美しい環境を残すために現世代の我々が何ができるかを考えてもらうための素材を提供したい。将来の世代に美しい環境を残すことが現世代の重要な責務だと私は考えるからである。

　本書は時潮社の大内敏明社長のもとで1999年に初版を出したが、大内敏明社長が2003年に亡くなられ、相良景行社長のもとで増補改訂版の運びとなった。

　秩父の自然を愛された故大内敏明氏の冥福をお祈りします。相良社長の励ましと協力に感謝したい。

2006年3月

国 際 環 境 論
〈増補改訂〉

目 次

はしがき ……………………………………………………………… 3

第一部　生活と環境

第1章　ハンバーガーを考える …………………………………13
  1.外食産業 ………………………………………………………13
  2.マクドナルドの店 ……………………………………………13
  3.ハンバーガー …………………………………………………14

第2章　農薬、食品添加物と遺伝子操作食品 …………………18
  1.農薬 ……………………………………………………………18
  2.食品添加物 ……………………………………………………22
  3.遺伝子操作食品 ………………………………………………24

第3章　洗剤と化粧品 ……………………………………………27
  1.合成洗剤 ………………………………………………………27
  2.化粧品 …………………………………………………………32

第4章　ゴミとダイオキシン ……………………………………36
  1.広まるダイオキシン汚染 ……………………………………36
  2.ゴミの焼却 ……………………………………………………37
  3.ダイオキシンンの汚染度 ……………………………………37
  4.日本のダイオキシン規制 ……………………………………39

第5章　内分泌撹乱化学物質（環境ホルモン）…………………40
  1.環境ホルモンの定義 …………………………………………40

2．精子数 …………………………………………………………41
　　3．DES（ジエチル・スチルベストロール）………………………41
　　4．DDTとPCB ……………………………………………………42
　　5．ビスフェノールA ………………………………………………43
　　6．スチレン …………………………………………………………43
　　7．避妊ピル …………………………………………………………44
　　8．有機スズ …………………………………………………………44

　第6章　携帯電話 ………………………………………………………46
　　1．携帯電話の普及と人体への影響 ………………………………46
　　2．携帯電話の中継基地 ……………………………………………47

　第7章　室内汚染 ………………………………………………………50
　　1．シックハウス症候群 ……………………………………………50
　　2．タバコ ……………………………………………………………51
　　3．アスベスト ………………………………………………………52
　　4．電磁波 ……………………………………………………………53
　　5．農薬使用 …………………………………………………………53

　第8章　長野県の脱ダム政策をめぐって……………………………55
　　1．2000年選挙時の長野の政治状況と新知事の当選 ……………55
　　2．浅川ダムの一時中止 ……………………………………………56
　　3．脱ダム宣言 ………………………………………………………57
　　4．県議会の多数派との対立 ………………………………………57
　　5．浅川ダム工事契約の解約 ………………………………………59

　第9章　ガン ……………………………………………………………62

第二部　問題群

　第10章　海洋環境の保護 ………………………………………………67
　　第一部　海洋汚染
　　1．船舶による汚染の規制 …………………………………………68
　　2．有害物質の海洋投棄を禁ずる条約の成立 ……………………71
　　3．地域的海洋環境保全条約 ………………………………………72

4．国連海洋法条約によるもの ……………………………………73
　　5．アジェンダ21 ……………………………………………………74
　　第二部　海洋生物資源保護
　　1．公海漁業協定 ……………………………………………………75
　　2．公海流し網漁業の禁止 …………………………………………76
　　3．個別種の保護条約 ………………………………………………76
　　第三部　海底資源開発
　　1．深海底の開発に対する環境保護 ………………………………79
　　2．海底の油田開発にともなう汚染 ………………………………80

第11章　酸性雨 …………………………………………………………82
　　1．定義 ………………………………………………………………82
　　2．実状 ………………………………………………………………82
　　3．外交問題 …………………………………………………………85

第12章　オゾン層破壊 …………………………………………………91
　　1．オゾン層の消失発見 ……………………………………………91
　　2．原因の解明 ………………………………………………………91
　　3．国際的規制へ ……………………………………………………91
　　4．条約交渉の主体 …………………………………………………93
　　5．日本の対応 ………………………………………………………94

第13章　地球温暖化 ……………………………………………………95
　　1．国際的合意への道 ………………………………………………95
　　2．IPCC（気候変動に関する政府間パネル） …………………97
　　3．温暖化防止条約の交渉とリオ会議の開催 ……………………98
　　4．国連気候変動防止条約の成立 …………………………………99

第14章　熱帯雨林とNGO …………………………………………101
　　1．熱帯林の減少 ……………………………………………………101
　　2．熱帯林を保護する運動 …………………………………………104

第15章　生物多様性の保護 …………………………………………120
　　1．ラムサール条約 …………………………………………………120
　　2．ワシントン条約 …………………………………………………121

3．世界遺産条約…………………………………………122
　　4．ボン条約……………………………………………122
　　5．国際熱帯木材協定…………………………………123
　　6．生物の多様性に関する条約………………………123

第16章　砂漠化……………………………………………126
　　1．砂漠化の問題………………………………………126
　　2．国連砂漠化会議……………………………………127
　　3．砂漠化防止のための行動計画……………………127
　　4．砂漠化防止条約の成立……………………………128

第17章　国際問題としての遺伝子操作食品……………130
　　1．牛成長ホルモンBST………………………………130
　　2．米国政府の攻勢……………………………………132
　　3．OGM推進論…………………………………………135
　　4．表示をめぐる交渉…………………………………138
　　5．反対運動……………………………………………139
　　6．日本のOGM食品の輸入……………………………141

第18章　原子力エネルギーと環境………………………146
　　1．原子力発電所の日常運転による汚染……………146
　　2．廃棄物問題…………………………………………148
　　3．事故…………………………………………………149
　　4．原子力の安全性に関する条約の成立……………150
　　5．エネルギーとしての効率性………………………151
　　6．核兵器………………………………………………152
　　7．環境倫理の視点……………………………………152

第19章　日本の原子力発電開発政策……………………154
　　1．高速増殖炉開発の挫折……………………………156
　　2．東京電力全原発の停止……………………………159
　　3．新規建設、営業運転の開始………………………161
　　4．核廃棄物の永久処分地を求めて…………………162
　　5．諸外国の事例をとおして…………………………163

第20章　軍事問題と環境……………………………170
　1．軍事費…………………………………………170
　2．軍事基地………………………………………170
　3．戦闘行為………………………………………171
　4．地雷……………………………………………172
　5．核兵器について………………………………173
　6．安全保障と環境………………………………174

第三部　組織的対応

第21章　国連環境組織………………………………179
　1．環境問題と国際組織…………………………179
　2．ストックホルム会議による組織の形成……180
　3．ストックホルム会議から20年………………183
　4．環境組織の再編………………………………184
　5．国連環境組織の特質…………………………188

第22章　世界銀行……………………………………193
　1．環境NGOの反応 ……………………………193
　2．世界銀行の成立と特質………………………195
　3．構造調整融資…………………………………198
　4．環境への配慮…………………………………199
　5．世界銀行の評価………………………………200

第23章　NGO（非政府組織）……………………203
　1．国際的環境NGOの活動 ……………………203
　2．国際的環境会議とNGO ……………………207
　3．NGOと国際的環境問題 ……………………209

第24章　企業…………………………………………213
　1．企業による環境汚染に対する賠償…………213
　2．企業による環境管理制度へ…………………215
　3．拡大する環境商品市場………………………218

第25章　貿易と環境 …………………………………222
　　1．自由貿易論………………………………………222
　　2．自由貿易論に対する反論………………………222
　　3．途上国の累積債務………………………………224
　　4．WTO（世界貿易機関）の成立 ………………224
　　5．環境と貿易をめぐって…………………………224

第四部　思考的接近

   第26章　持続可能な発展 ……………………………229
　　1．ストックホルム会議提案の中で………………229
　　2．ストックホルム会議の開催……………………231
　　3．UNEPの取り組み………………………………231
　　4．ブルントラント委員会（環境と開発に関する世界委員会）…232
　　5．「持続可能な開発」………………………………233
　　6．リオ会議（地球サミット）……………………235
　　7．持続可能な開発に関する首脳会議……………240

   第27章　環境倫理 ……………………………………242
　　1．ディープ・エコロジー…………………………242
　　2．ある環境倫理の主張－槌田劭…………………250

   第28章　環境問題の研究について …………………255
　　1．研究の始まり……………………………………255
　　2．各専門分野での取り組み………………………257
　　3．環境教育への挑戦………………………………260

　　▶初出一覧◀　262

　　　　　　　　　　　　　　カバーデザイン　比賀　祐介

第一部　生活と環境

第一部 生活と地区

第1章　ハンバーガーを考える

1．外食産業

　外食産業がおおいに繁栄している。駅前のハンバーガー店、寿司屋から郊外のレストランまで大入り満員の状況である。多くの店は、単一の商標、資本により全国に展開している。外食産業と称される業界が存在する。年商額で10位までを示すと下記のようになる。[1]

　　1．マクドナルド　　　　6．ケンタッキーフライドチキン
　　2．スカイラーク　　　　7．かまど家
　　3．セゾン外食グループ　8．小僧寿し
　　4．ダイエー　　　　　　9．ほっかほっか亭
　　5．ロイヤル　　　　　　10．ダスキン（ミスタードーナツ）

　ますます多くの人が外で食事をすますようになって来たのである。しかもいわゆる系列店が発達し、どこへ行っても同じ店があり、同じメニューから注文するという状況がある。

2．マクドナルドの店

　このような外食の盛んな中で、首位の座を占めるのがマクドナルドである。店舗数、売り上げ額、顧客数のうえで群をぬいている。マクドナルドは1971年、銀座に上陸、2004年には、日本国内で3,774店を構え、正社員4,578人を雇用し、3,080億円の売り上げがあった。[2] マクドナルドのハンバーガーの東京での販売量は、ニューヨーク市を上回る。

　そこには簡単なメニューがあるだけで、特別の調理人はいない。注文されるとすぐに商品が提供されるのが特色である。ハンバーガーは作られて置いてあるのである。紙とプラスチックからなる使い捨て容器に包まれて提供される。包装容器は食後、すべてゴミ箱へ消える。食べ残りもすべて同じゴミ箱へ消える。また、売れ残りの商品もゴミ箱へいく。プラスチックと紙

と生ゴミが同じプラスティックの袋に入れられて排出される。すなわ分別をしないのである。ハンバーガーは作られて10分、フライドポテトは7分で捨てられるのである。産業廃棄物業者に委託されたマクドナルドの未分別ごみは、東京の場合、中央突堤廃棄物処理場に未処理で埋めたてられる。[3]

　店舗では、店長のみが正社員で、残り全部はアルバイトである。求人広告はいつもでていて、川越市では賃金1時間730円（高校生）と書れている。これは最低賃金に近い金額である。（2005年10月現在、埼玉県の最低賃金は682円であった。）

3．ハンバーガー
(a) ハンバーガーの登場

　ハンバーガーは米国の高速道路網の発達と不可分であると指摘される。[4] 郊外に人口が移動し、車文化が普及する。移動性の高い生活が生まれたのである。都市の事業所、学校、買物などすべて車を使う生活が定着した。

　1956年アイゼンハウワー大統領は、スーパーハイウェイ建設を進め、6万6,000キロにおよぶ。30年たちハイウェイ網は完成。生活環境、労働様式、生活様式は一変した。移動的な生活様式は、食習慣の変革を要求する。それに応えるのが、ハンバーガーであった。早いサービス、安く、簡単に調理でき、非常に扱い易い食品であった。型にいれて品質を一本化し、大量生産できる。1950年代、ハンバーガーは、アップルパイを圧倒した。

　戦後、米国では、働く女性が増加、郊外の自宅で料理をする時間がなくなった。共働きの増加で、特別の機会か、週末しか利用しなかった外食が日常化したのである。外食とは、ファーストフードチェーンレストランでハンバーガーを食べることを意味した。[5] 1950年代にレイ・クロックがマクドナルドレストランチェーンを作る。52ヵ国で11,000店を持つ。60万人が雇用され、1997年には336億万ドルの売り上げがあった。[6] 米国では、マクドナルドチェーンは外食の10%以上を支配、牛肉の卸し売りの1％を占める。[7]

　創始者クロックは、ハイウェイ網のインターチェンジ付近に店の立置を考え、自動車文化、生活の郊外化、ファーストフード、ハンバーガーを単一の

ものにした。[8]

(b) 牛肉の消費

　安価な牛肉は、牧草で飼育された牛の肉である。牛肉会社は、中央アメリカ、オーストラリア、ニュージーランドその他より、安価な放牧牛肉を輸入し、国内の穀物飼育牛から取った余分な脂肪を一緒にいれて、ハンバーガーの材料を作る。多くのアメリカンハンバーガーは輸入牛肉を使っている。それは中央アメリカの先住民の犠牲のもとに実現された。

　地球上に12億8,000万頭の牛がいる。陸地面積の24％で草を食み、何億もの人間を養えるほどの穀物を食べている。[9] 牛の全重量は、人間のそれを越えている。

　増え続ける牛は地球の生態系を狂わせ、6大陸の生物の生息地を荒らしている。中南米では、牛の牧場を作るために広大な面積の原生林が切り開かれている。

　アフリカのサハラ砂漠南縁の緑地、アメリカ西部、オーストラリア西部の放牧地の砂漠化が進行、牛の放牧が原因とされる。アメリカで生産される全穀物の70％が牛のほか、家畜のえさとなり、世界の穀物の3分の1が家畜の飼料として使用、10億人の人々が慢性的な飢えと栄養不足に悩んでいる。[10]

　1960年以来、中央アメリカの森林の25％以上が牛の放牧地を作るため切り開かれた。70年代末には、中央アメリカの全農地の3分の2までは、北アメリカに輸出するため、牛その他の家畜の飼育に利用された。アメリカの消費者は、中央アメリカの輸入牛肉を使ったハンバーガー1個につき、平均5セントを節約、中央アメリカ産牛肉ハンバーガーを1個つくるのに5平方メートルのジャングルが牧草地に変えられた。[11]

　アマゾンのチコ・メンデス殺害事件（1989年）は全世界に衝撃を与えた。森林の伐採に反対するメンデスは牧場主らに、暗殺された。メンデスらゴム採取者は、長年、生計手段として雨林を利用してきた。アマゾンの森林を伐り開いて牛の放牧地を作ろうとする牧場主と対立していた。

　1966年のブラジル政府のアマゾン開発計画によれば、内外資本によるアマ

ゾン地区の投資を歓迎するとした。その計画の一部は牛牧場の建設目的として密林を開くことを進めた。1960〜80年の間に10万km²の森林が切り開かれた。このうち38％は大規模な牛牧場開発のためであった。現在、何100万頭の牛が放牧されている。

中南米で飼育された肉牛からハンバーガーを100ｇを作るのに、20〜30種の植物、100種の昆虫、何10種の鳥類、哺乳類、爬虫類合計75kgの生物が破壊されている。[12]

(c) フライドポテト

モンサント社（米国）は遺伝子操作により、害虫抵抗性を持つジャガイモを作りだした。コロラド羽虫からジャガイモを守るためとされた。この害虫抵抗性を持つジャガイモが広く米国で作られるようなり、マクドナルドのフライドポテトの原材料に使われることとなった。このジャガイモには、BT菌の毒素生産遺伝子が組み込まれた。BT菌は、ガやチョウを殺す毒素以外に、溶血性の毒素や、人間に下痢を起こさせる毒素を作る。

フライドポテトに放射線照射ジャガイモを使用していない保証もない。放射線照射によりジャガイモの発芽を抑えるのである。赤ちゃんに放射線照射された食べ物を与えることは法律上禁止されている。

結び

世界の穀物の3分の1は、牛その他の家畜の飼料にあてられている。一方10億人が栄養不足に悩んでいる。途上国では、牛の放牧地を作るため、多くの人が先祖伝来の土地を追われている。先進工業国の人間は、牛肉をたっぷり食べ、動物性脂肪を多量に摂取している。先進工業国の消費者は、肉食により体内コレステロールが蓄積され、動脈や器官が動物脂肪でつまり、飽食病を引き起こしている。

ファーストレストランでハンバーガーを食べる人は、それを作るのに、広大な面積の熱帯林が伐採され、焼き払われることに気がつかない。

世界のどこへ行っても同じ味のハンバーグが提供されるのは、英語が世界

各地で使われるのと同様、旅行者の空想力を奪うものであり興醒めというものである。(文化的帝国主義による文化の画一化)

　99年のベストセラー『買ってはいけない』はマクドナルドのハンバーガーを「健康も環境も破壊するファーストフード」として紹介した。[13] ハンバーガーを常食する若者に 味覚障害や精子減少のファーストフード症候群が認められるとも言っている。

　2005年に公開された映画「スーパーサイズミー」は、1ヵ月間、マクドナルドの商品のみを食べ続けるとどうなるかを撮ったドキュメンタリーであった。(モーガン・スパーロック監督)。肥満と肝臓障害を引き起こした話であった。映画製作者は全米の栄養士100人にマクドナルドのハンバーガーが良いか悪いかを電話で聞き取り調査した。すべての回答は、悪いというものであった。マクドナルド社は、映画製作者の質問にいっさい回答をしなかった。

(注)
1) 青木卓「マクドナルドの勝手裏」p.241、技術と人間、1991年
2) マクドナルドのホームページ www.mcdonald.co.jp/company/gaiyo-f.html.2006.1.28
3) 青木卓、同上、p.68
4) ジェレミー・リフキン「脱食肉文明への挑戦」p.336、ダイヤモンド社、1993年
5) 同上、p.344
6) (朝日新聞、98年7月19日)
7) ジェレミー・リフキン、同上、p.345
8) 同上、p.346
9) 同上、p.192
10) 同上、p.224
11) 同上、p.242
12) 同上、p.251
13) 週間金曜日別冊ブックレット「買ってはいけない」p.32、1999年

第2章　農薬、食品添加物と遺伝子操作食品

1．農薬

　戦後化学工業の発展は著しく、農業に多くの農薬が使用されている。日本の3,000箇所を越えるゴルフ場では農業で使う以上の農薬が使用されている。都市の公園、家庭内での使用も無視できない。農薬は農産物に残留している。また水道水源に混入するほか、魚介類にたっぷり含まれている。

　レイチェル・カーソンは「沈黙の春」で農薬の無差別な使用を非難し、警告を発したが、農薬の生産、使用は増加する一方である。

(a) ポストハーヴェスト農薬

　収穫後の農産物に農薬を使用することは日本では禁止されてきた。残留する可能性が高く危険が大きいからである。ところが輸入品では、輸送に時間がかかるため、殺菌、殺虫のために農薬がかけられる。アメリカ、オーストラリアの小麦は、収穫後、倉庫や船の中で防虫剤として農薬を混ぜている。学校給食のパンからマラチオン、クロルピリホルメチルが検出されたり、[1] レモン、グレープフルーツ、オレンジには3種の防かび剤が使用されている。アメリカン・レッドチェリーも農薬まみれとなっている。[2] 果肉までしみている可能性がある。これらは腐りにくく長持ちするので重宝されている。

　輸入食品の農薬使用基準がゆるく、輸入食品には日本では認められない農薬が使用されているが、自由貿易の要請からこれを認めてしまっている。あたかも非核3原則で、核兵器の持ち込みがないことをうたいながら、米軍の核兵器の国内持ち込みに何も言わない日本政府の態度と共通している。

　市場で購入する、野菜、くだもの、魚、肉からは残留農薬が検出されてる。輸入食品も同様である。また、人の母乳にも同様に農薬が検出される。野菜、くだものについては、自分で栽培するならば、残留農薬からのがれられる。

(b) バナナ

バナナ果肉部から、臭素、チアベンダゾール（TBZ）、ベノミルが検出。バナナの皮からHNC（青酸）、臭素、クロルピリホスが検出されている。[3]

1972年、日本のバナナの輸入はピークに達したあと下降気味である。95年のバナナ輸入は、87万トン、409億円であった。日本ではバナナは安い果物であり、一年中売られている。日本ではバナナは2005年にはミカンを抜いて一番よく食べられる果実となった。

バナナは5,000～10,000年前から栽培、ヤムイモ、タロイモ、サトウキビとともに東南アジアの原産である。インド、アフリカ、中南米へ移植された。エクアドルがバナナの世界貿易の半分をしめる。フィリピンのミンダナオに中南米からキャベンデシュ種が導入され日本に輸出されている。1972年以降日本のバナナはフィリピン産が主流となった。

ミンダナオ島で日本向けのバナナが生産されている。そこではもっぱら多国籍企業4社がバナナを生産し輸出している。デルモンテ、ドール、チキータ、ボナンボの商標で知られる。ここで作られるキャベンデシュ種のバナナは現地の人は食べない。あくまで輸出商品として栽培されるのである。ココナツ、米、野菜、アバカ麻、ゴム、コーヒーを作っていた土地がバナナ農園に使用されだしたのである。

バナナ農園で働く労働者は最低生活を強いられている。農家、労働者が搾取され、貧しくなっている。外国資本の進出により、自立がさまたげられている。また、農薬の空中散布は労働者の存在を無視して行われるので、労働者は常に農薬をかぶっている。皮膚病、呼吸器の病気に悩んでいる。また収穫後、ベノミル、イマザリル、OPPといった薬品をバナナにかけるのが常となっている。

(c) 農薬の環境ホルモン作用

生物が持っているホルモンは、分泌を制御し成長や体内活動を支える。この天然ホルモンの均衡を乱し、生殖異常を引きおこすのが、「内分泌撹乱物質」とよばれる化学物質である。環境ホルモンともよばれる。DDTを初め

とする人工的に合成された約70種の化学物質に環境ホルモンの疑いがかかっている。人体に入り、胎盤や、母乳を通じ子供や乳児にも汚染が広がる。流産、精子数減少など生殖異常が起こる他、行動異常も見られる。

フロリダ州アカプカ湖には、大型のワニ、アリゲーターが住んでいる。この湖のワニの卵が全滅した。ワニの皮を取るため養殖していたので大騒ぎとなり、フロリダ大学のジレット教授が原因を調査した。教授は爬虫類の生殖が専門家である。1980年に400メートル離れた化学工場が事故により、殺虫剤「デコフォル」を流失させたのが原因であった。60%のワニのペニスが異常に小さいことを見付けた。メスのワニにもホルモン異常を発見した。またアカウミガメがすべてオスになっていた。

DDTは有機塩素系の化合物で殺虫剤として広く使用された。中枢神経に作用する。1962年にカーソンが「沈黙の春」でDDTの野生動物に対する破壊的作用を指摘、1965年にDDTの安全性は否定され、先進工業国では使用が禁止された。ハヤブサ、ワシ、ペリカン、サケが、DDTの散布で死亡した報告がカーソンの「沈黙の春」に書かれている。食物連鎖の頂点にいる動物の脂肪からDDTが検出されたのである。北極のシロクマからも、DDTが検出、北極圏のイヌイットたちもDDTに汚染されている。南極の氷にもDDTがある。DDTが天然の女性ホルモン「エストロゲン」の作用を撹乱していることがわかってきた。

下記は国立医薬品食品衛生研究所暫定リスト（153種）から引用した環境ホルモン作用のある農薬の一部である。「食品と暮らしの安全」第112号（1998年8月1日）

アイオキシニル	除草剤	
アザジラクチン	殺虫剤	
アトラジン	除草剤	
アミトロール	除草剤	
アラクロール	除草剤	
イマザリル	殺菌、防かび剤	ポーストハーベスト農薬（バナナ、オレンジ）

生物を殺すという目的の農薬であってみれば、ロボットでもないかぎりすべての生物が影響を受けるのは当然である。安全な農薬というのは存在しない。

(d) 開発途上国で使用

先進工業国では、毒性があきらかになったDDTなどの農薬は禁止されていったが、開発途上国では、かならずしも禁止されていない。先進工業国の援助、化学工業会社の輸出により、先進国で禁止されている農薬が使用されている。先進国へ輸出する農産品の中に入って里帰りする農薬もある。

2004年に発効した「特定有害化学物質と農薬の国際取引における事前通知・承認の手続きに関するロッテルダム条約」では、各国が規制、禁止している農薬の輸出には、相手国に事前に通告し、承認を得る制度を導入した。[4] また「難分解毒性有機物質に関するストックホルム条約」は、難分解毒性有機物質（persistant organic pollutants）の生産、利用、貿易、処理を規制する。[5]

(e) 中国産野菜の農薬汚染

いま国内で消費される野菜の20%弱が輸入品であり、10%が中国からの輸入品である。[6]

過去10年の間に激増した。ところがこの中国産の野菜に基準値をこえる農薬が残留、または禁止されている農薬が検出された。中国では「毒菜」とよばれている。2002年1月の厚生労働省による水際検査で、中国産ブロッコリーから有機リン酸系のメタミドホスが検出されたり、中国からの冷凍ホウレンソウからクロルピリホスが検出された。[7] 2004年にはキヌサヤエンドウから農薬が出るなど違反がつづいている。中国では農薬の乱用と誤った使用によると報告されている。農民も安全な農薬の管理を守らず、農薬のずさんな管理が指摘されている。[8] 中国では禁止されているはずのDDTが闇で売られ使用されているという。[9]

中国国内では年間に10万件以上の農薬中毒事件が発生し、1万人の死者が出ている。[10] 野生動物が姿を消し、「沈黙の春」がきている。

(注)
1) 小若順一「ポストハーベスト農薬汚染」p.102、家の光協会、1990年
2) 同上、p.49
3) 上村振作「残留農薬データブック」p.185、三省堂、1992年
4) David Downie et others, "Global Policy for Hazardous Chemicals," p.132,「The Global Environment」CQ Press, 2005
5) 同上、p.134
6) 寺西俊一監修、東アジア環境情報発伝所編「中国から高濃度の農薬の付いた野菜が押し寄せる」p.66、「環境共同体としての日中韓」集英社新書、2006年
7) 同上、p.68
8) 同上、p.72
9) 同上
10) 同上、p.71

2．食品添加物

食品添加物とは、食品に小量入れられる物質である。食品衛生法では「食品製造の過程においてまたは食品の加工もしくは保存の目的で、食品に添加、混和、湿潤その他の方法によって使用するもの」（第2条2項）と定義される。[1] 保存剤、殺菌剤、防腐剤、乳化剤、糊料、結着剤、着色剤、香料など約350種が厚生省により許可されている。食品添加物により食品の大量生産が可能になり、いつまでも腐らない、鮮やかな色の食品の登場を可能とした。食品添加物により食品をより遠いところに運びより長く保存できるようになった。加工食品がわたしたちの食生活を支配するようになったのも、食品添加物の利用による。

人体にとって異物であるこれら食品添加物が、体の中でいかなる作用をするのかは必ずしも明らかではない。食品添加物は発ガン性、催奇形性、複合毒性の疑いがあり、一度認可されたものであっても、発ガン性が見つかり、使用禁止になったものがすでに48品目ある。日本におけるアレルギーの急増の原因のひとつに、食品添加物が上げられる。[2] 今日日本人三人に一人は、

アレルギー症状をもっている。

1972年国会では全会一致で食品添加物の使用を制限すべきことを決議した。しかし、現在の状況はこれと反対の方向に進んでいるようである。[3]

食品添加物は食品に最後まで含まれていなければならない点が、拡散し、ほとんど消える農薬と違う点である。食品添加物は毎日、すべての人が食べている。日本人なら一人平均11gを口に入れているといってよい。[4]

下記に例をしめす。

	添　加　物	作　　用
ふくじん漬け（赤） 梅干し	タール色素106号 （合成着色料）	遺伝子損傷性、 変異原性
和菓子	グリシン（調味料、 保存料、酸化防止剤）	呼吸マヒ、中毒症状 昏睡、死亡
飲料、シャーベット アイス、チューインガム	アスパムテール （合成甘味料）	発ガン性、白血球減少 カルシュウムの尿中増加

上記の人工甘味料アスパムテールは1983年新たに認可された。米国のサール社が制ガン剤を開発中偶然に発見した。発ガン性が明かになり使用禁止となったサッカリンの代わりに使用され始めた。

表示は消費者に食品内容を知らせて選択の手がかりを与えるものである。以前は化学的に合成された食品添加物のうち、78品目のみが表示の対象であったが、1991年食品衛生法が改正され、原則としてすべての食品添加物が表示されるようになった。[5] それは具体的名前で表示されるようになった。以前は合成保存料、合成着色料といった表現のみであったが、用途も知る必要が高いとされ、食品添加物は物質名と用途名も表示されている。

栄養強化のための食品添加物（ビタミン類29品目、ミネラル類24、アミノ酸類21）、加工助剤（漂白に使用される加酸化水素）は表示されない。[6] 煎餅に使用される醬油に添加物が入っていても表示の義務はない。

命の貴重な検知器である口、目をごまかすのが合成着色料、香料であり、

口に入れてはならないと考える。

(注)
1） 渡辺雄二「食品添加物」p.12、丸善ライブラリー、平成12年
2） 同上、p.126
3） 西岡一「すぐわかる食品添加物ガイド」p.2、家の光協会、1992年
4） 同上
5） 同上、p.12
6） 同上、p.19

3．遺伝子操作食品

(a) 遺伝子操作食品の輸入

　他の生物の種の細胞核に遺伝子を組み込む技術が完成された。DNAを切り離したり繋いだりして生物の設計図を操作することが可能となった。これを食用に供する生物種にも応用することが開始された。1996年9月、厚生省は遺伝子組み替え食品を安全とし、7品目の輸入を認めた。[1] これらはトウモロコシ2種、ジャガイモ1種、大豆1種、ナタネ3種である。トウモロコシ2種、ジャガイモ1種は害虫を防ぐため細菌の遺伝子を組み入れた。大豆1種、ナタネ3種は除草剤に抵抗性をもたせたものであった。

　米国のチバガイギー社はトウモロコシの細胞にバルチスチュリンゲンシス（BT菌）の毒素産出遺伝子を組み込んだ。[2] モンサント社は、自社の生産する除草剤のラウンドアップにに対して抵抗性を有する遺伝子を入れた大豆を開発した。[3] これらが北アメリカで生産され日本に輸入されることになったのである。

　1997年になり、厚生省はさらに8品目を追加、害虫抵抗性のあるトウモロコシ、ジャガイモ、ワタ、除草剤耐性のあるトウモロコシ、ワタ、さらにパン菓子やデンプンの製造でつかわれるαアミラーゼの食品添加物も承認された。[4] 同年12月には、日持ちのよいトマトほか5種が承認された。

　2004年には米国で生産される大豆の75%、綿花の71%、トウモロコシの74%が遺伝子組み替え種となっている。[5]

　トウモロコシ、ダイズをほとんど輸入している日本では、遺伝子操作食品

の混入は避けられない状況となった。トウモロコシは、コーンスターチとしてビールや菓子製造に不可欠であるし、家畜の飼料として広く利用されている。ダイズは納豆、みそ、サラダ油、豆腐、醬油に加工されてすでに日本人の口に入り始めている。

(b) 安全性

遺伝子操作食品については1992年米国の規制緩和により、「実質的同等性」の概念が打ち出された。93年、OECD「バイオ食品安全性評価レポート」では、この考えが採用され、評価システムが作られた。遺伝子組み替え食品を新規の作物とみなさず、通常の作物とみなし、安全評価をするというものである。ひどくゆるい安全評価のもと、実用化を進めることになった。

健康面での影響は未知である。導入遺伝子の長期的微量摂取の影響、アレルギーの危険についてはわかっていないのである。殺虫成分や除草剤に強い成分の含まれた物を人間は食べたことはない。

組み替え遺伝子が成功したかどうかを選別する目印（マーカー）の遺伝子がもたらす人、家畜の抵抗物質耐性獲得の可能も否定できない。未知の毒性物質、アレルギー物質の成生が否定できない。栄養価の欠けたものとなる可能性もある。

環境・生態系への危険：導入遺伝子が野性生物へ移行する危険が指摘される。ウイルスの遺伝子導入作物が新しいウイルスを作る危険性がある。標的生物以外に影響を与える。食料生産が特定の企業に限られてしまう、農薬薬品企業が特許をにぎり、種子市場を独占する可能性がある。

2000年から日本ではJAS法の改正により、遺伝子操作作物の表示が義務づけられた。しかし、現行の表示制度は消費者にかならずしも十分な情報を与えていない。遺伝子組み替えのものの混入比が5％以下なら「遺伝子組み替えでない」との表示が許されるのである。加工食品においては、表示は必要がない。

(c) 反対運動

　遺伝子組み替え食品いらないキャンペーンが組織された。この運動には食品と暮らしの安全基金（元日本子孫基金）、日本消費者連盟、生活協同組合、共同購入グループが参加している。大阪いずみ市民生協は遺伝子操作されていないダイズおよびダイズ加工品のみを販売している。

　反対運動体は、日本モンサント社、日本植物油協会に抗議の手紙を出している。3,000の自治体が反対決議を行い、国へ要望した。

　45ヵ国300以上の団体が遺伝子操作食品の国際的ボイコットを呼び掛けている。

　日本でも遺伝子操作された稲が栽培され、反対派は訴訟を展開している。

　北海道は、条例により遺伝子操作作物の栽培を禁止した。[6] 農産品の最大の生産地としての北海道が遺伝子操作のイメージによる市場の喪失を恐れたためとも解釈できる。

（注）
1）藤原邦達（編）「検証遺伝子組み換え食品」p.82、家の光協会、2002年
2）同上
3）同上
4）同上、p.83
5）村上直久「世界は食の安全を守れるか」p.92、平凡社、2004年
6）「北海道遺伝子組換え作物の栽培等による交雑等の防止に関する条例」が2005年3月に交付され、遺伝子組換え作物の栽培には知事の許可が必要となった。

第3章　洗剤と化粧品

1．合成洗剤
(a) 合成洗剤

合成洗剤はせっけん以外の洗剤と定義できる。[1] 食器洗い用として売られているママレモン、チェリーナ、洗濯用としてのアタック、シャンプーのエメロン、住まいのクリーナー、ジュウタンのクリーナー、歯磨きのグリーンサンスター、これらはすべて合成洗剤である。

製造業者の強力宣伝、行政の後押し、洗濯機の普及で、せっけんに比べ冷たい水、硬水によくとけるという利点を宣伝し、売り上げをのばしてきた。[2] 石油化学工業の「廃棄物」アルキル化合物から安価にいくらでも作れるので、世界市場で3分の2を占める。[3]

・ABS（主成分）

汚れを落とす成分を界面活性剤といい、戦争中、ドイツでABSが開発された。炭素の鎖に一直線にならび、分解されやすい、これをとくにLASと呼ぶ。現在ほとんどの合成洗剤がABSを使う。台所用、洗濯用である。日本では年間85万トン生産される。

・ビルダー（助剤）

助剤は汚れを落とさず、ABS（LAS）などの働きを助ける。

・ボウ硝酸—中身を多く見せるための増量剤で、大箱入りの粉末合成洗剤には、5〜6割の割合でボウ硝酸が入れられている。排水中のボウ硝酸は下水処理でも処理できず、濃縮洗剤はこのボウ硝塩を少なくしている。それだけ有害なLASが濃縮される。

・リン酸塩—水質の酸、アルカリ度を弱める硬水を柔らかにし、水中のカ

ルシウム、マグネシウムの働きを押さえ、LASが働きやすいようにする。一度繊維から離れた汚れが衣類につくのを防ぐ。このリン酸塩が、湖、海のプランクトンを増殖させ赤潮の原因となる。

・蛍光増白剤―これは染料で洗濯ものについて白く染める。「白さとかおり」といっても生地は本来の白さにならないで、白ペンキを塗って白くする。蛍光剤はジアミノスベンジスルホン酵素が使われる。発ガン性が認められる。多摩川の水は蛍光増白剤が流れ紫外線をあてると青白く光る。蛍光増白剤は台所ふきん、紙ナプキン、食品包装剤、ガーゼ、包帯、脱脂綿に使用禁止。ふきんやガーゼを合成洗剤で洗うことも禁止されている。

(b) 合成洗剤の有害性

1973年科学技術庁「合成洗剤調査」によれば、女子高校生、主婦の30％が合成洗剤による手荒れの被害者であった。1,100万人が被害を受ける。女子高校生、主婦以外の人を加えると、1,500万人が合成洗剤で手荒れを経験している。皮膚の表面の脂肪がなくなると、脂肪の下の水分が蒸発し、かさかさになる。剝出しになった皮膚の細胞と合成洗剤が結合、蛋白が変性し、手荒れがひどくなる。

台所に毎日立つ人は、手の指紋が消え、赤くなり、出血し、アレルギー皮膚炎を起こす。香料など刺激の強い化学薬品が台所用洗剤に添加されていればよりひどい症状が出る。

肝臓障害、血球減少、アミラーゼの酵素の働きを邪魔する。体質を酸性にする。発ガン物質の活性化を助ける。化学物質の吸収を助ける、溶血作用、奇形児が生まれるなどの有害性が指摘されている。

急性毒性としては、合成洗剤を飲みこむと急死する。1962年、ライポンFを0.525cc誤飲した人が中毒死している。[4] 粉末のライポンFを粉ミルクと間違え、お湯に溶かして哺乳ビンに入れ赤ちゃんに飲まそうとしたが、飲まないので、父親が一口試飲したため死亡した。ライポンFの外箱には、「厚生省実験により衛生上無害」と書けていた。[5]

わずかずつの合成洗剤を毎日体に入れるとどうなるのかの慢性毒性については、無害でない事がはっきりしている。アトピー性皮膚炎、免疫力低下、奇形児出産、発ガン性が懸念される。

侵入経路としては、口、皮膚がある。野菜、食器を通じて口から入る。液体洗剤を使い体を洗えば、皮膚から侵入する。シャンプーを使用すれば頭の皮膚から、歯磨きでは口の中の粘膜から入る。水道水、井戸水にも微量のABSが含まれている。

・相乗毒性

合成洗剤と他の化学物質がいっしょになると、その化学物質の毒性を高める。

・残留性

洗濯物、食器に残る。いくらすすいでも残る。洗濯してすすいだ衣類には、汚れたドブより多い700〜900ppmのABS、LASが残る。これが皮膚に侵入する。汗をかけば、繊維に吸着したLASが溶けだしかぶれや炎症を起こす。台所用洗剤を使う濃度は0.1%〜0.5%と定められているが、守る人はいない。洗ったあとの食器や食物に残る洗剤の分量の規制はない。泡がいっぱいの水槽に皿、ドンブリをつけこみザツと水をかけるだけの洗い方も多い。素焼きの食器に一番残留する。

・湿疹

合成洗剤で洗った衣類やシーツにはLASなどの他、蛍光剤などが付着、赤ちゃんの皮膚はもたない。オムツを合成洗剤で洗うことは禁物である。山形県立新庄病院の皮膚科でオムツかぶれを調べた。4,036名の赤ちゃんを対象に調べ、合成洗剤が原因とつきとめた。[6]

・川崎病

1967年、川崎富作博士により確認された子供の病気である。[7] 皮膚粘膜発

疹、肝臓疾患、呼吸器症状がある。発疹は口のまわり、体開口部におよび、手指の皮膚が葛のように剝がれる。ついで、嘔吐、発熱、眼球結膜が充血、手腕から全身にかけて紅斑が浮き黄疸が発生、頚部リンパがはれ、急死することもある。発病後2～3週間で急死が多い。

1979年には、3,000人（年間発生）を越えた。10年間で11倍にふえた。ABS系合成洗剤の販売が始まってまもない1961年に最初の症例があらわれた。各地にこの病気が散見された。名古屋大学名誉教授坂本陽氏は、合成洗剤が疑わしいと断言した。[8] その理由は、オシメに残留した平均15.5ppmのABSが一年余にわたり幼弱な赤ちゃんの皮膚から吸収されると、腹痛をともなう吐血があり、胆嚢が拡大し、白血球が7万を越えるなどの例をあげた。ママレモンを薄めた液を飲んだ1歳10ヵ月児に、川崎病の特徴である全身猩紅熱様のピンク色の発疹が見られた。

・家庭排水

合成洗剤に添加されているトリポリン酸塩などのリン分が川や湖に流れ込み、植物プランクトンの養分になる。これらプランクトンは、太陽光をあびて繁殖、植物プランクトンが急速にふえ、その死骸が湖底に沈む。湖底の多量のプランクトンがバクテリアにより分解、このとき水中酸素が消費され、湖水中の酸素量は減少する。酸欠で魚や貝が死んでいく。逆に酸素の少ない汚れた土を好むイトミミズなどが増える。メタンガス、アンモニアガス、硫化水素ガスが植物性プランクトンの死骸から発生、ドブ臭をはなつ。

団地や給食センターから多量の洗剤が水田に排水され、そこで働いていた人が障害をうける。稲は立ち枯れる。

三島市の下水道部が1年半かけて実験をおこなった。[9] 市内の数千戸の団地の主婦に半分の期間は合成洗剤、残り半分の期間はせっけんを使って洗濯をしてもらった。78年5月～79年9月までの期間であった。団地からの生活排水を分析した。団地の下水処理場から川へ放流する水の有機汚染度（BOD値）が、粉せっけんにきりかえると5分の1に減少した。さらに富栄養化の原因物質のリン分は合成洗剤のときの半分以上が除去された。水の使

用量も粉せっけんの場合8％減った。ザブ、ビーズなど合成洗剤の有害な主成分、LASが下水処理場のバクテリアを殺し、処理能力を低下させていた。処理施設に流れこむ生活排水中のLASの80％がまったく分解されず、活性汚泥に吸着、残土として山や海に捨てられていた。粉せっけんにきりかえれば、下水処理施設は、今の3分の1で済む。三重大学の三上教授の報告では、LAS系台所洗剤ファミリーを10万倍にうすめサンショウウオのふよう胚に丸2日漬けた。そうすると成長したサンショウウオに奇形が発生した。[10] 合成洗剤は表面張力を低下させるので、魚がエラの細胞膜を通して水中の酸素を取り入れることができなくなる。ABS 5 ppmでエラの呼吸器障害が起こり死ぬ。魚の舌をだめする。舌は、餌を探すだけでなく、水中の酸、アルカリ、金属イオンを察知し、身を守る働きをしている。琵琶湖のブラックバスの3分の1は奇形と報告されているのは、湖水に溶け込んだ合成洗剤の作用と疑われる。

　海では、リン分のためプランクトンが繁殖、海を赤く染める。1972年に数日間、瀬戸内海で赤潮が発生、1億4千万匹のハマチが死んだ。[11] プランクトンがハマチのえらに付着、呼吸困難を起こしたためである。工場、家庭から排水中のリン分、チッソが大量に海水中に入り、富栄養化、プランクトンが異常発生したのである。

　せっけんは数千年前から人類が使用してきた。催奇形性もない。浴用せっけんをつかっても、肌荒れはしない。静岡大学工学部の実験ではせっけんのほうが汚れをよく落とすことが証明された。[12] あぶらを溶かすのは合成洗剤の10倍以上との結果を得ている。1978年の兵庫県生活センターの洗浄力比較テストでは、粉せっけんに軍配が上っている。[13] 国会決議や、厚生大臣の答弁がある。せっけんがよりすぐれていますというものである。

　水槽の金魚を殺すほどの毒性のある合成洗剤を売りまくる企業。スーパーでは、目玉商品として山済みされ、宣伝に乗せられて使いまくる消費者という図式がある。新聞には、合成洗剤の広告がよくのる。合成洗剤の批判記事は載せられない。新聞の販売店では、販路拡張のために合成洗剤を配っている。

合成洗剤の売り上げの10%が広告費といわれる。広告すればするほど売れるのである。1978年、花王株式会社は2,142億円の売り上げ額に対し、204億円の広告費を使用した。[14] 多くの人が、合成洗剤のほうが汚れがよく落ちると信じて疑わない。テレビ広告上位13社（1997年ビデオリサーチ社調べ）は下記のとおりであった。[15] 下線が合成洗剤製造の会社である。

<u>1位　花王</u>	8位　日本コカ・コーラ
2位　サントリー	9位　本田技研工業
3位　トヨタ自動車	10位　小林製薬
<u>4位　ライオン</u>	11位　大正製薬
5位　ハウス食品	12位　日清食品
6位　日産自動車	<u>13位　プロテクターエンドギャンブル</u>
7位　資生堂	

2．化粧品

界面活性剤は合成洗剤のほかに化粧品、医薬品（避妊）、食品（乳化剤）に使用される。

化粧品の主成分は油脂、ロウ、脂肪酸、エステル、高級アルコールなど油性成分である。それに加えて、界面活性剤、湿潤剤、分散剤、希釈剤、保湿剤、起泡剤、消泡剤が入っている。さらに色素、顔料、香料も化粧品にとって不可欠である。

色素はおもにタール系色素を使用している。タール系色素は石油から合成される。83種あり、うち食品添加物として11種が許可されている。タール系色素は発ガン性のため、食品添加物としては禁止されているものが多い。このタール系色素が化粧品に使用されていることは問題である。口紅を唇につけたら舌で舐めるので皮膚から吸収されることになる。1988年、米国FDAは赤色203号、204号、213号、ダイダイ203号を化粧品に使用することを禁止した。[16] 日本では、禁止されていない。

顔料としてはベンガラ（酸化第二鉄）、酸化チタン、酸化亜鉄がある。合

成香料4,000種、自然香料1,500種が使用されている。

　上記のものを練り合わせた上にさらに防腐剤、殺菌剤、酸化防止剤が添加される。これらは、皮膚を刺激し、障害を引き起こすことがある。化粧品は合成化学物質を混合したものということになる。

　自然化粧品と銘打っている商品がある。これには、天然成分が一部入っているという意味である。全部天然成分で作ると何ヵ月も持たないので、一部しか入っていない。

　①化粧品の基本的素材が油性の成分である。クリーム、ローション、口紅、マスカラ、ファンデーション、シャンプーに油性分が入っている。油性成分は酸化されやすく臭いを放ったり色が変わる。酸化されると生ずるのが過酸化物である。これには発ガン性がある。酸化を防ぐのに酸化防止剤を使用するのがまた問題である。

　②乳化剤は油性分をクリーム状にしてしまう。乳化成分のうち重要なのは、界面活性剤である。ほとんどのものは人工的に合成されたもので合成洗剤の原料と同じものが使用されている。肌荒れや湿疹の原因となる。

　③保湿剤として使用されているポリエチレングリコールはクリーム、化粧水、口紅に使われる。これは発ガン性が認められる。

　栄養クリーム、化粧水、乳液、クレンジングなど基礎化粧品がある。これらは皮膚のため良いと宣伝される。皮膚科医は皮膚の健康のためには何も付けない方がよいと言う。人体に異物の合成化学品を塗ることは、皮膚の保護膜を破壊する恐れがあり、むしろ害が認められる。カブレ、シミなどの症状が出てくるのである。

　化粧品を使用すると皮膚がつっぱり乾いたりかゆみがしたり赤く腫れたりする場合がある。これらの症状は接触皮膚炎と呼ばれる。カブレには、すぐ症状のでる即発型と何年もして症状がでる後発型がある。

　シミは色素細胞から生まれるメラニン色素が表皮、真皮に沈着してできる。化粧品の使用量が増えたこととシミで悩む人の増加は関係がある。化粧品に含まれる香料、乳化剤、色素が引き金となる。化粧した皮膚に大量の紫外線を浴びるとメラニン色素の沈着が促進される。

化粧して太陽光の下に長時間いないことが必要である。化粧品をつけた皮膚が紫外線にあたるとタール系色素が光を吸収してそのエネルギーを皮膚に伝え皮膚に強い作用を及ぼすことがわかっている。[17] 細胞の遺伝子を傷つけ突然変異を起すこともある。

シミができてそれを隠すため化粧すると、より重傷の顔面黒皮症を引き起こすことになる。ヘアカラーは皮膚医学上きわめて有害である。使用前にカブレの試験をしなさいとの表示が書かれているぐらいである。ヘアカラーに発癌性の疑いがある。[18] 市販のヘアカラーでバクテリアが突然変異を起こすことが発見された。米国国立ガン研究所はヘアカラーが動物にガンを引き起こすことを発表した。

1977年7月、18人の女性が化粧品のため顔面黒皮症になったとして大手化粧品会社を訴えた。裁判は因果関係をめぐり、4年におよぶ争いとなった。1981年、メーカー側（被告）が和解に応じ責任を認めた。[19] 原告の女性には5,000万円の和解金を支払った。この裁判では、タール系色素、赤色219号が黒皮症の原因物質であることが証明された。

薬事法により化粧品には、成分表示が義務づけられている。その成分によりある程度の毒性の判断は可能である。

若い人に化粧を勧めるのは、若い木にペンキを塗るようなものである。[20] みずみずしい肌にどうして有毒な化学製品を塗りたくるのであろうか。ノーメイクが体にいちばん好いといわざるを得ない。

（注）
1）日本消費者連盟、「合成洗剤はもういらない」p.10、三一書房、1980年
2）同上、p.11-12
3）同上
4）同上、p.20
5）同上
6）同上、p.55
7）同上、p.41
8）同上、p.43
9）同上、p.76
10）同上、p.76

11）同上、p.78
12）同上、p.110
13）同上、p.111
14）同上、p.229
15）朝日新聞、1999年2月23日（火）家庭欄
16）西岡一「新あぶない化粧品」p.12、三一書房、1994年
17）西岡一「あなたの化粧品毒性ハンドブック」p.43、クレス生活科学部、1984年
18）同上、p.48
19）同上、p.15
20）同上、p.59

参考文献
・西岡一「生活毒物－危険な食品・化粧品」講談社、1996年

第4章　ゴミとダイオキシン

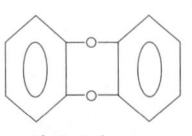

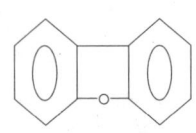

　ダイオキシンはきわめて新しい言葉で、90年代後半から注目の的となった。人間はダイオキシンを感知することができない。きわめて微量でも強い毒性を示す。安定的な物質で分解されず、油によく溶ける。ダイオキシンは人体に入り、アトピー性皮膚炎、子宮内膜症、生殖不能、免疫機能不全、発ガン性、遺伝子を傷つける作用が知られている。5ピコグラムで動物を殺すとされる。

1．広まるダイオキシン汚染

　ダイオキシンは、ベンゼン環ふたつが酸素原子により結合している化学物質である。ベンゼン環についている塩素の位置、数が違う異性体が75種ある。またベンゼン環をつなぐ酸素がひとつのものがフランとよばれ、その異性体は135種ある。ベンゼン環ふたつが繋がったものがPCBである。構造上きわめて似ているのでこれらをあわせてダイオキシン類と呼ぶ。ダイオキシン類のなかで一番毒性の強いのが、2、3、7、8 四塩化ジベンゾダイオキシンである。このダイオキシンの毒性を基準として、他のダイオキシンの毒性をいいあらわす。TEQ（toxic equibrium quantity）とはこのことをさす。
　ダイオキシンはビニールなど塩素化合物を焼くと生成する。ゴミ等を低温で不完全燃焼させれば生ずる。塩素で漂白された紙、ベニヤ板を燃やせばやはりダイオキシが発生する。

図1　ダイオキシン類

ダイオキシン　　　　フラン類　　　　PCB類
（75種）　　　　　（135種）

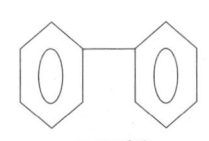

ダイオキシの毒性はよく知られている。ベトナム戦争で米軍がまいた枯葉剤２，４，５―Tのなかにダイオキシンが含まれていたため、それに接触した本人、その子孫に被害がひろがった。ベトナムでの流産や奇形児の出生が多く報告されている。米国ではダイオキシンにより1966年には、数百万羽のニワトリが死亡した。1976年イタリアのセベソでの事故による２キログラムのダイオキシンの流失などによりその毒性が明らかになっている。

2．ゴミの焼却

日本ではゴミの処理はほとんど焼却処分によっている。市町村は家庭から出るゴミを収集し、処理する義務を負っている（清掃法）。このゴミは70％が焼却処分される。ゴミの量を大幅に減らせるからである。日本には市町村の設置する焼却場が1,800ヵ所ある。また、産業廃棄物は、排出責任者たる企業が処理責任を負うのであるが、これも焼却処分される場合が多い。また、各家庭の敷地内でゴミを焼く人も多い。個人経営の工務店、植木屋、農家なども平然と野焼きをすることが多く見うけられる。日本では、だれでもゴミを焼くのである。銀行支店の敷地にも焼却炉があり、書類等を焼却している。小学校から大学にいたる学校でも焼却炉でゴミを燃やしてきた。「ゴミを燃やすことに何ら疑問を抱かない社会認識」が日本にあるとの指摘がある。[1] このような状況であるので、ダイオキシンは国内いたるところで生成され、ばらまかれている。

文部省の通達により学校でのゴミ焼却は中止になった。これは燃やせばダイオキシンが出るので危険であるということを認めた結果である。

3．ダイオキシンの汚染度

(1) 大気汚染

1996年に環境庁がおこなった大気中のダイオキシン類の測定によれば、都市部が高い数値を示している。アメリカの0.09pg（ピコグラム）、ドイツの0.12pg、スウェーデン0.24pg、オランダ0.08pgと比べ、日本は10倍の高さをしめしている。[2]

1997年の環境庁測定値は、大阪市、泉南市、川崎市、千葉市、横浜市、上尾市で1.0pgを超すと報告された。[3]

(2) 土壌汚染

廃棄物焼却場付近の土壌にはとくに高濃度のダイオキシンが検出されている。焼却施設が集中している埼玉県通称くぬぎ山、劣悪な焼却炉のある茨城県新利根村、同じく大阪府能勢町、違法な産業廃棄物投棄のつづいた香川県豊島の土壌は、高濃度のダイオキシンで汚染されていることが調査で判明している。

(3) 食物汚染

日本近海でとれる魚、貝類はもっともひどいダイオキシン類による汚染を示している。肉類、乳製品、野菜も汚染され、ダイオキシン類は食品を通して、人体に入ると指摘される。分解されることなく、油によく溶ける性質があるので、人体にはいると体脂の中に蓄積されるのである。日本人は魚介類を多食するのでダイオキシン類の取込みは世界最高水準である。

ごみ焼却場周辺でダイオキシン類による汚染度が高いとの懸念があるのは当然である。付近に住む住民のダイオキシンの摂取量の調査があった。結果はゴミ焼却炉周辺はほかの場所と比べて危険性が高くないとでた。[4]ゴミ焼却場周辺の野菜類よりも、ダイイキシン類は魚介類からの摂取量のほうが高い可能性があるからである。

(4) 母乳の汚染

母乳は赤ちゃんを育てる上で不可欠の栄養である。脂肪に溶けやすいダイオキシン類が母乳に多く含まれている。母乳により、日本の赤ちゃんは一日摂取量の18～180倍ものダイオキシン類をとりこんでいる。[5]母乳によりダイオキシン類を排出するので母親のダイオキシン体内蓄積量は減少する。

ダイオキシン類はアトピー性皮膚炎をひき起こす可能性が指摘されている。また免疫機能の低下を促す作用が知られる。母乳を与えると赤ちゃんがアト

ピー性皮膚炎になりやすい。人工乳のほうがダオキシン濃度が低くはたして母乳で子を育てるべきかどうかの議論が起こっている。

4．日本のダイオキシン規制

厚生労働省は、ゴミ焼却1,150施設のダイオキシン排出調査の結果を発表した。704施設の調査結果はあきらかにされていない。80ng/㎥を暫定基準とした。この基準を満たせない施設が72あった。[6] 1ナノグラム（ng）は10億分の1グラムである。1ng=1/10億g

厚生労働省は将来の焼却施設については、ヨーロッパ並みの0.1ng/㎥としたが、既存の焼却炉には猶予期間（2002年11月30日まで）と甘い基準（80ng/㎥）を与えた。

ダイオキシン類対策特別措置法が、1999年議員立法の形で、成立した。法はダイオキシン類の定義を与え、焼却施設から排出されるダイオキシン類の基準を設けた。また、一人あたりのダイオキシン類の摂取量を体重1キログラムあたり4pg以下とした。2003年、日本は残留性有機汚染物質に関するストックホルム条約を批准、ダイオキシン類の究極的な廃絶をめざすことが義務付けられた。1pg（ピコグラム）＝1/1兆g

（注）
1）長山淳哉「ダイオキシン汚染列島日本への警告」p.162、かんき出版、1997年
2）長山、同上、p.60-61
3）朝日新聞、1998年12月23日
4）中西準子「環境ホルモン空騒ぎ」p.56、新潮45、1998年12月号
5）長山、同上、p.118
6）毎日新聞、1997年4月13日

参考文献
・酒井伸一「ゴミと化学物質」岩波新書、1998年。
・酒井伸一「ダイオキシン類のはなし」日刊工業新聞社、1998年。
・中下裕子「有害物質をめぐる国際的取り組み」、持続可能な地球環境を未来へ、大学教育、2003年

第5章　内分泌攪乱化学物質（環境ホルモン）

1．環境ホルモンの定義

　生物がもっているホルモンは分泌を制御し、成長や体内活動を支える。この天然ホルモンの均衡を攪乱し、生殖異常などを引き起こすのが、「内分泌攪乱物質」または「環境ホルモン」と呼ばれる化学物質である。[1]

　1997年から1998年にかけて環境ホルモンの報道があいついだ。テレビ、書籍、週刊誌、月刊誌は、環境ホルモンを最大の話題とした。97年12月の地球温暖化防止京都会議が終わってから温暖化防止の話題は姿を消し、もっぱらダイオキシンと環境ホルモンの報道に明けくれている。98年になって本も10数冊が出版され、売れ行きも記録続きである。

　97年に翻訳書「奪われし未来」が発売され、NHKの報道特集などにより環境ホルモン問題は日本の環境問題の最前線に踊りでた。98年7月、東京国際大学の環境問題の授業でレポートの提出をもとめたところ約半分の受講学生が環境ホルモンの課題を選んだ。環境ホルモンの特質は微量で作用することである。ナノグラム（10億分の1グラム）、ピコグラム（1兆分の1グラム）単位の微量で作用すると指摘されている。その作用は発癌性や催奇形性といった急性毒性ではなく、長時間かかる慢性毒性である。微量であること、毒性が急性でないので気付くのが遅れ、対策も立てられなかった。

　ダイオキシン、PCB、DDT、DES、有機スズなど人工的に合成された約70種の化学物質に環境ホルモンとしての毒性が確認されている。[2] これは、偶然に知られているということであり、他の物質については未知である。

　空気中、哺乳ビン、ペットボトル、缶詰、乳製品、魚介類、食品用ラップ、殺虫剤、虫歯の詰め物などといった身の回りのものに環境ホルモンが含まれている。[3] 人体に入り生殖異常を引き起こすことが分かってきた。また胎盤や母乳を通し、子供や乳児にも汚染は広がる。人間の行動にも影響がでていることが分かっている。脳は、ホルモンにより制御され、環境ホルモンにより脳が影響を受け、行動の異常がでてくるという説もある。

これに対し井口泰泉教授は内分泌の専門家としては、性行動の異常までは環境ホルモンで説明できるが、それ以外の異常までは不明であると言われる。[4]

2. 精子数

コペンハーゲン大学発達生殖部のニールス・スカケベック教授他3名は92年9月のブリティシュ・メディカル・ジャーナル誌で過去50年の人間の精子減少についての論文を発表した。[5] 環境的要因による公衆衛生への影響を探るという研究であった。1938年～1991年に発表された論文から、男性の精液について、20ヵ国、14,947人の標本を取り、精子数、精液量を統計的に観察した。結果は50年の間に、精子数は45％減少、精液量25％減少を認めたというものであった。[6] 精巣ガンが50年前より4倍も増え、停留睾丸と呼ばれる生殖障害が増加していることを合わせ指摘した。停留睾丸とは精巣が陰のうまで降りてこない状態で、手術が必要とされる。[7]

他国での研究によりスカケベック教授の精子減少報告は正当性が確認された。スコットランド、ベルギー、フランスの研究も同様の結果をえたのである。問題は、なぜ精子数が減り、生殖器異常が増えているかにある。

スカケベック教授はエストロゲンおよびエストロゲンと似た物質（人工合成ホルモン）、他の環境的要因、または内的要因が男の性的能力を損なっているにかどうかについては今後の課題として論文を終了している。[8]

3. DES（ジエチル・スチルベストロール）

DESは1960年代後半、流産防止のため妊婦に投与された。エストロゲンという女性ホルモンと同じ作用をもった人工的につくられた薬物であった。1970年、ハーバード大学医学部産婦人科とマサチューセッツ総合病院産婦人科が思春期を過ぎた女性に膣ガンが多発していることを発見した。若い女性に膣ガンはめずらしかった。膣ガンになった若い女性に共通していたのは、母親が妊娠中にDESを服用していたことであった。[9] 当時世界中で、数万人が妊娠中にDESを投与されていた。生まれて20年以上すぎて若い女性に膣

ガンを発生させたのである。

　その頃ノースカロライナ州の研究所でマクラクランは、ニワトリを太らせるため、DESが使用されることに不安をもっていた。DESを妊娠中のマウスに与える実験をした。DESを投与された母親から生まれたマウスのメスに膣ガンに似たものを発生させた。また生まれたオスのマウスは、オスとメスの両方の生殖器がついていた。このオスの60％は成長しても不妊であった。これは、サイエンス誌1975年に発表された。[11]

4．DDTとPCB

　DDTは有機塩素系の化合物で殺虫剤として広く使用された。中枢神経に作用する。1962年カーソンは「沈黙の春」の中で、DDTの破壊的作用を指摘、65年にDDTは人間や動物に無害という考えが否定された。ハヤブサ、ワシ、ペリカン、サケがDDTの散布で死亡したこと、食物連鎖の頂点にいるこれら動物の脂肪からDDTがでた。母親の母乳、脂肪からもDDTが検出されている。DDTは先進国で禁止された。日本での製造禁止は1969年12月であった。[12]

　カナダ環境省によれば北極のシロクマからもDDTが検出された。北極圏のイヌイット族たちもDDTに汚染、南極のペンギン、北極のアザラシからもDDTが検出されている。[13]

　DDTが天然の女性ホルモン、エストロゲンの作用を撹乱していることがあきらかにされた。[14] DDTは化学物質として安定性が高く、自然界では半減期100年といわれる。蓄積性が高く体内にはいると、DDED、DDEという物質になり、体内に残留する。脂肪に結合しやすい。母乳から子供へと受け継がれる。環境ホルモンとしての作用がある。

　PCBはビスフェノールと塩素を結合し、合成される。化学的に安定、熱につよく燃えにくく、絶縁性がある。1966年、ストックホルム大学のヤンセンは天然の魚からPCBを検出、またワシからもPCBを検出、自分の娘の毛からも検出した。[15]

　サンディゴ自然史博物館のカーベンはハヤブサの生息数の減少を調査、ハ

ヤブサの卵からPCD、DDEが検出、PCBはDDTと同様、南極、北極に汚染がひろがっていることがわかった。このPCBは環境ホルモンの働きをすることがわかった。[16]エストロゲンを分解し、性ホルモンのバランスを崩すのである。DDTと同じく自然界の食物連鎖により人間や動物を汚染する。[17]

5．ビスフェノールA

　ビスフェノールはプラスティックから溶けだす。缶詰の内側のプラスティックのコーテイングは金属が内部が入らないためである。このコーテングのプラスティックからビスフェノールAが溶けだす。[18]（タフツ大学の研究）
　ビスフェノールAは乳癌細胞を分裂させ、ガンを引き起こす。グラナダ大学の歯学部のローザ・パルガーは虫歯の予防に広く用いられる「シーラント」から、ビスフェノールAが溶けだすと指摘した。[19]
　ポリカボネート樹脂製哺乳ビンも同様である。[20]学校給食の食器にフタル酸化合物を使用したポリカーボネイト樹脂でつくられたものが使用されている。かつてはアルマイト製食器であったが、熱が伝わりやすいという理由でポリカーボネイト樹脂製に切り替えられた。これからビスフェノールAが溶け出す。食器は洗浄を繰り返す内に溶出量が増えていく。40％の小中学校でポリカーボネイト樹脂の食器が使用されている。（毎日新聞、朝刊、98.8.27）

6．スチレン

　カップラーメンのカップ原料はスチレンである。含まれる油と熱湯によりスチレンダイマー、スチレントリマーが溶けだす。[21]
　このようにカップ麺の容器は環境ホルモンを出すことが問題となった。1998年、カップ麺の容器がこれら環境ホルモンを出すことが暴露され、[22]カップ麺の販売量が減少した。1998年5月、日本即席食品工業協会は新聞に全面広告を出し、カップ麺は安全と主張したが、この広告で消費はさらに10％落ちた。[23]紙コップの容器にはいった麺の製品が出はじめた。

7．避妊ピル

経口避妊薬は合成女性ホルモン、エチニールエストラジオールを含む。低い濃度で急に人体に影響が及ぶ。避妊目的のため、壊れにくい。女性ホルモンや黄体ホルモンが混合されている。ピルは乳ガン、卵巣ガンを増やすことも判明している。[24] ピルを飲めば女性の体内から、尿、大便にだされ、下水道、川へと排出される。ホルモンの下水放流、下水処理の過程で剝出しの女性ホルモンになる。[25] 野生生物がこれらホルモンの影響を受ける恐れがある。

8．有機スズ

有機スズ（TBT、TPT）、船底や網に使用されている。貝の付着を防ぐためである。この有機スズが魚を汚染する。メスの巻貝をオス化する作用が判明している。メスの巻貝にペニスができるのである。生殖器異常を発生させるのである。この貝はイボニシ貝であり、国立環境研の堀口氏は全国97箇所で調査したところ、94ヵ所でイボニシ貝のメスにペニスができていた。[26] 有機スズ化合物は貝類、魚類、クジラなどの体内からも検出される。その影響は不明であり、使用は法的に禁止されていない。[27]

おわりに

ある種の人工的に合成された化学物質が動物の体内にはいり、本来のホルモン作用を乱すことがわかってきた。これが生殖機能に害を与える場合は、その種の絶滅につながりかねない。環境ホルモンは、微量のナノグラム、ピコグラムの単位で作用する。これら環境ホルモンの調査、研究は緊急を要し、その対策の確立が望まれる。

(注)
1) 井口泰泉「環境ホルモンの恐怖」p.66、ＰＨＰ、1997年
2) 同上
3) 笠井洋子「ひと目でわかる環境ホルモンの見分け方」p.11、情報センター出版局、1999年

第一部　生活と環境　45

4)　井口、同上
5)　Colborn, Dumanoski, Myers, "Our Stolen Future," p. 6, A Plume/Penguin Book, 1997
6)　Elisabeth Carlsen, Aleksander Giwercman, Niels Keiding, Niels E. Skakkebaek, "Evidence for decreasing quality of semen during past 50 years," British Medical Journal, vol. 305, 12 september 1992.
7)　同上
8)　同上
9)　同上、p.55
10)　同上、p.58
11)　同上、p.59
12)　中原英臣、二木昇平「環境ホルモン汚染」かんき出版、1998年4月
13)　同上、p.148-149
14)　同上、p.80
15)　同上、p.164
16)　同上、p.165
17)　同上
18)　同上、p.172
19)　同上、p.175
20)　「食品と暮らしの安全」p.4, No.128, 1999年12月号
21)　中原、同上、P.183
22)　「食品と暮らしの安全」p.2, No.110, 1998年6月号
23)　同上
24)　井口、同上、p.194
25)　同上
26)　同上、p.28
27)　小島正美、井口泰泉「環境ホルモンと日本の危機」p.174、東京書籍、1998年

参考文献
・井口泰泉「生殖異変」かもがわ出版、98年
・キャドバリー「メス化する自然」集英社、98年
・環境ホルモンを考える会「環境ホルモンの恐怖」PHP、98年
・酒井伸一「ゴミと化学物質」岩波新書、98年
・立花隆「環境ホルモン入門」新潮社、98年
・環境庁リスク対策検討会「環境ホルモン」環境新聞社、1997年
・コルボーン、ダマノスキー、マイヤーズ「奪われし未来」翔泳社、97年

第6章　携帯電話

1．携帯電話の普及と人体への影響

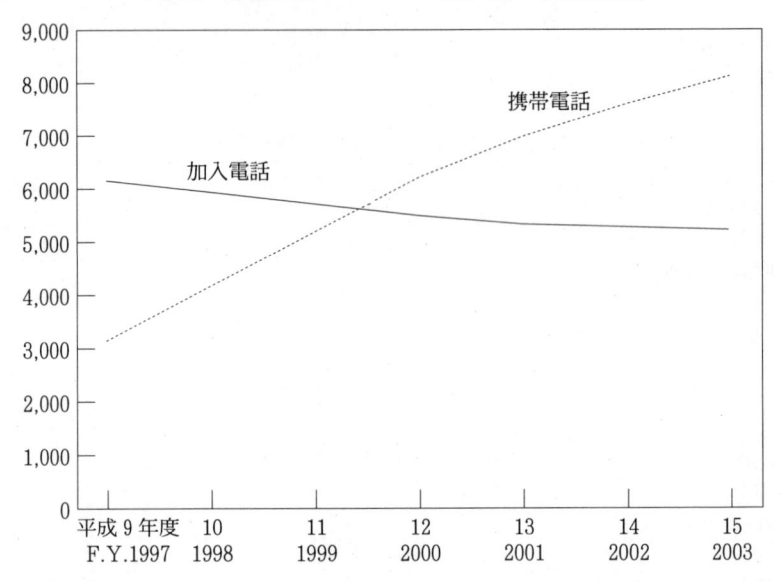

図1．情報通信サービスの加入者・契約者数

日本統計年鑑　2005年版、「図11-1 情報通信サービスの加入者・契約者数」引用、p.362

　携帯電話は2003年になり8,151万台を越える普及を示した。[1] とくにほとんどの大学生がこれを所持するという情況である。
　問題は、携帯電話の出す強いマイクロ波である。携帯電話使用中、ちょうど脳の真ん中でマイクロ波は焦点を結ぶ。100ミリガウスをこえる強い電磁波を脳に直接与える。電磁波の人体におよぼす影響は決して安全というわけではなく、否定的な研究結果があいついでいる。売る側は一切の電磁波の問題について沈黙している。また政府も一切規制していない。
　米国国家規格協会の92年ガイドラインは、携帯電話を2.5cm離して使用するとしている。しかし、日本の製造者は耳にあてて使用するとしている。

影響を受けやすいのは、成長細胞と神経細胞である。電磁波は神経細胞にあたるとカルシウムイオンの溶出、DNAの損傷を引き起こす。[2] 脳腫瘍などの被害が長期的に出る恐れが指摘されている。スウェーデンのカロリンスカ研究所は、2004年、携帯電話を10年以上使用している人は、使用していない人に比べて脳腫瘍の発生リスクが1.9倍と報告した。[3]

スウェーデンのルンド大学のパーソン博士の研究では、極微量の電磁波で脳へ毒性物質が浸透しやすくなると報告された。[4] 電磁波の健康被害を最小にするためには「距離」と「時間」を置くしかない。出来るかぎり発生源から離れ、話す時間を短くする事が望ましい。

子供の脳は小さく、成長する過程にあるので、電磁波の影響はより深刻である。耳にあてると電磁波は子供の小さい脳全部に及ぶ。英国では、子供に携帯電話を持たせない政策が取られている。[5]

携帯電話端末は至近距離にある電子装置にたいし、ノイズとなって誤作動を起こさせる。輸血ポンプ、人工心臓ペースメーカーが障害を受けるのである。[6] 満員電車の中での使用は、人工心臓ペースメーカーを狂わせ凶器となりうる。電車の中では、携帯電話の電波は金属の箱の中で反射を繰り返し、電子調理器の中と同じ状態になる。[7]

携帯電話通話中、交通事故の発生率が高まることが知られている。2002年日本で携帯電話を使用して起きた人身事故は、2,847件であり、死者45人を数えた。[7] 1999年、運転中の電話使用は法律で禁止されるに至った。また、授業中、会議中、歩行中、電車の中で突然ベルがなり、電話の会話が始まるのは、失礼なことである。「携帯を持ったサル」（中公新書）では、携帯電話を手にした若者のマナーの悪さが指摘されていた。

携帯電話の保有の平均所有期間は2年を切っていて、その廃棄台数は一日7万台に上ると言われている。携帯端末には、金、銀、銅、パラジウム、ベリリウムが含まれている。酸化ベリリウムは急性および慢性障害がある。[8]

2. 携帯電話の中継基地

携帯電話の中継基地が各地で作られている。この基地も強い電磁波を出し

ている。4社がそれぞれのアンテナを巡らし98年現在、日本の携帯電話基地は15,000基を越えた。[9] PHSアンテナも公衆電話ボックスを中心に多数設置されている。景観上もこれらアンテナの乱立は由々しき問題を引き起こしている。

　携帯電話基地は高さ40mの電話鉄塔やマンションなどのビルの屋上にアンテナを設置することが多い。[10] 携帯電話基地は数万Wの電力を使い多数の携帯端末と同時に交信するため、数10〜数100台の無線装置を内包している。ここから漏れる極低周波（850〜69Hz）も危険である。アンテナから放射される数百Wのマイクロ波は水平から数度下方向へ放射される。電話鉄塔の100〜200mのところがいちばん電磁波が強い。[11]

　携帯電話基地周辺の住民は、家庭電化製品にくらべると数百万倍もエネルギーの強いマイクロ波を浴びることになる。携帯電話基地からでるマイクロ波は、家電製品や高圧線電線などから発生する極低周波よりも人体へのエネルギー吸収率は高い。[12] 長野県に住むAさん一家は、250m先にNTTドコモの携帯電話基地局が建って2年目から疲労感、手足のかゆみ、脈拍の増加に悩んでいる。[13]

　携帯電話基地局建設反対運動が各地で起きている。久留米市では、住民と業者の紛争を防止するため、業者に説明義務を課した。[14] 町田市は、公共施設にPHSアンテナの設置を認めない対策をとった。電磁波の人体への影響が心配であるので、学校、幼稚園の子供を守るためであるという。[15] 携帯電話のアンテナ、室内での電化製品の氾濫により、わたしたちを取り巻く人工的電磁波は増加するばかりである。人体がこの増加する電磁波にどこまで耐えられるのか、実験は続いている。ドイツでは携帯電話に反対するNGOが1,000以上ある。[16]

　1998年7月の米国立環境衛生科学研究所（NIEHS）の報告は、電磁波は発ガンの恐れがあるとした。送電線の磁場が子供の白血病の増加にも影響を与えることを認めた。また、40ガウスの磁場は人間の細胞の突然変異の数を増加させることも明らかにした。[17] フランスのアプリケ国立科学研究所の調査によれば、携帯基地から200m以内に住んでいる人は頭痛や睡眠障害、不快

感を訴えることがあるとしている。[18]

　この報告に対して、電力事業連合会、電力中央研究所は科学的でないと批判した。電磁波を人体に多量に浴びせる携帯電話などの製品が危険であることが証明されるまでメーカー側は製造し売りつづけることが予想される。携帯電話は耳につけて利用するので、電磁波から距離を取ることが出来ない。

（注）
1）総務省、第55回日本統計年鑑(2005年)、p.367
2）船瀬俊介「どうしても手放せないならイヤホン・マイク」、p.41、「ケイタイ天国 電磁波地獄」、週間金曜日別冊ブックレット、1998年
3）「　食品と暮らしの安全」p.12, No.187, 2004年11月
4）「　食品と暮らしの安全」p.16, No.151, 2001年11月
5）「　食品と暮らしの安全」p.22, No.192, 2005年4月No.192
6）週刊金曜日編集部「ケータイでもしもしと話せるわけ」P.34、週刊金曜日、同上
7）「がうす通信」p.18、65号、2004年2月12日号
8）吉田文和「循環型社会」p, 148、中公新書、2004年
9）荻野晃也「ケータイ天国」p.12、週刊金曜日、同上
10）週刊金曜日編集部、同上
11）同上
12）週刊金曜日編集部、「これだけは押さえて置こう電磁波の基礎知識」p.7、週刊金曜日、同上
13）「がうす通信」p.11, 65号、2004年2月12日号
14）「がうす通信」p. 4 , 34号、1998年12月10日号
15）「がうす通信」p.18, 33号、1998年10月15日号
16）「がうす通信」p.2, 65号、2004年2月12日号
17）「がうす通信」p.4, 33号、1998年10月15日号
18）「がうす通信」p.11, 65号、2004年2月12日号

第7章　室内汚染

　屋外の空気汚染にほとんどの関心が奪われているが、室内汚染の深刻さが忘れられてはならない。サラリーマンは28%の時間を室内で、63%の時間を自宅ですごす。1976年、フィラデルフィアで在郷軍人会に出席した23人が肺炎のような症状で死亡、200人が入院した。在郷軍人病とよばれた。空調設備が悪いためバクテリアが撒き散らされたのである。この事件がアメリカで室内汚染の問題を提起した。[1] また日本では、新居に入った人の間で、体調を崩す症状が問題となっている。

1．シックハウス症候群

　室内汚染は、省エネ住宅の開発により多く発生するようになった。1973年の石油危機以前は窓をあけることにより自然の換気が可能であった。室外と室内の空気が同じものであった。エネルギーの効率的利用が叫ばれ、外の空気を遮断することが目指される。窓を締切り、太陽熱をいれたり、排気口を閉じたりしたのである。汚染物を室内に閉じこめることになった。WHOの推定では、30%におよぶ新しい建物が有毒な汚染物を出すとしている。労働者に汚染物質が接触し、いわゆるシックハウス症候群を生ずるようになった。

　シックハウス症候群は喉の痛み、かゆみ、むかつき、イライラ、過度の疲労感が数週間つづく状態をいう。室内空気の汚染はひとつの物質よりも多くの物質の複合作用とみられている。[2] 肺に吸い込まれる粒子、ホルムアルデヒド、花粉、イースト、かびなどが典型的な物質である。エアコンの溜まり水、壁、床材、天井の板などいろいろある。近代的な事務所では窓は開かれず、汚染物質は室内で外の20倍も濃くなる。

　技術開発により、より多くの合成化学物質が建物に使われることになった。カーペットの接着材、コピー機、ファクシミリ、コンピュータや化学製品が室内にあふれた。それらを掃除する化学薬品も使われる。ホルムアルデヒド

は揮発性の無色ガスで刺激臭がある。合板、ファイバーグラス、床タイル、つめもの、掛け布、ビニールクロスなど広くホルムアルデヒドが使われる。

プレハブ住宅や集合住宅では、ふんだんに新建材が使用され気密性も高いのでシックハウス症候群を患う新入居者が多い。そこで無垢の木、土壁、しっくいなど昔からの素材のみを使う、天然住宅の研究、建設をすすめる建築家もいる。

日本では、建築基準法を改正し、新しい住宅には24時間換気する装置をつけることを義務づけられた。換気しなければ、室内環境は有害であることを認めたような法改正であった。なぜ室内環境を安全なものとするような法改正ができなかったのか。住宅業界の都合に合わせたとの批判もある。[3]

2．タバコ

タバコの副流煙による受動的喫煙が問題とされる。タバコは完全に燃えないので二酸化イオウ、アンモニア、二酸化チッソ、塩化ビニール、シアン、ホルムアルデヒド、ベンゼン、ヒ素などを発生させる。5,000の化学物質が生ずる。受動喫煙による健康リスクはタバコの使用制限の根拠とされた。米国環境保護庁の93年の報告によれば年間3,000人が受動喫煙により肺ガンとなっている。[4] タバコには、BHC、DDTなどの有機塩素系農薬が検出されている。20本分の煙から約4.3pgTCDD毒性相当量のダイオキシンが摂取される。[5] リヨンにあるIARC（国際ガン研究所）は、タバコを「人にたいして発ガン性あり」と断定している。

1998年、日本では肺ガンによる死亡者が胃ガンのそれを上回った。2003年には、56,000人が肺ガンでなくなっている。[6] 胃ガン死は、49,000人であった。[7]

米国のタバコロビーは強力で100万人が雇用されていた。政治献金も多く議会はタバコ産業をつよく規制できない状態が長い間つづいた。喫煙の健康被害は、年間1,400億ドルと見積もられている。[8] 米国では、あいつぐタバコ訴訟おいて被害者側が最終的に勝利し、タバコ企業は健康被害に対する多額の賠償金を払うはめになった。さらに広告の禁止などタバコ規制が強化さ

れた。

2003年5月のWHO（世界保健機構）のもとで、タバコ規制枠組み条約が成立、日本はこの条約に加入したので、タバコの広告制限、タバコ税を上げること、警告表示などの規制が始められた。

3. アスベスト（石綿）

アスベストは天然の鉱物である。繊維状の物質であり、いろいろの用途に利用されてきた。音響効果のある天井、床用フェルト、タイル、パイプ、屋根材、断熱材などとくに建築に多く使用されてきた。アスベストは空気中に浮遊し、呼吸により、肺に突きささる。1920年ころからアスベストが鉱山労働者の職業病を引き起こすことがわかってきた。肺に入ったアスベストは細胞を破壊し、肺の酸素吸収機能を奪う。アスベストを多量に吸い込んでもすぐには病状は表われず、すくなくとも10年以上して、中皮腫、肺ガンを引き起こす。アスベストはいかなる量でも危険である。喫煙はアスベストによる肺ガンの死亡率を2～3倍にあげることが判明している。[9] 喫煙するアスベスト労働者の肺ガンになる危険性は、喫煙しない一般労働者の92倍に達する。[10]

1980年代、米国内でアスベストのパニックが起こり、アスベストは建物から取り除かれた。特に学校からアスベストを除くことが顕著に見られた。先進工業国はアスベストの規制により使用を減らしているが、途上国においては、需要が増加している。米国の企業は、チュニジア、クエート、スーダン、フィリピン、ナイジェリア、南アフリカ、タイ、インドでアスベスト工場を稼働させている。カナダはアスベストの半分以上を途上国に輸出してきた。[11]

日本では、神戸大震災の後始末の過程で、建物を不注意に解体したために、空気中のアスベスト濃度が著しく高まった。アスベストが建築物にいまだ多く使用されていることは、居住者の健康、安全面から問題である。2005年6月、クボタ株式会社の尼崎工場の周辺住民にアスベスト被害が見つかり国による規制の遅れが問題になった。[12] 2006年、日本はアスベスト被害者救済法

を作り、被害者の救済を始めた。

4．電磁波

　高圧線の電磁波などは室内外を問わないが、ここでは家庭電化製品によるものを検討する。ほとんどの人は大型冷蔵庫、電磁調理器、マイクロオーブン、ドライヤー、テレビ、空調装置など強力な電磁波発生装置に囲まれて生活している。ほとんどを家の中で生活しているので、長時間電磁波に暴露されている。電磁波による健康や生命への影響はまったくないとはいえず、やはり電磁波から遠ざかるにこしたことはない。すでにいくらかの調査があり灰色ないし黒の結果を示しているからである。

　図書館にある万引き防止の電子装置（門）は、中央部で500～600ミリガウスを示す。IH調理器の電磁波に近い周波数で、金属を加熱する作用もあるが、小児白血病のリスクを増す。[13] 日本の乳ガン患者数は、年間2万人ほどであるが、電磁波による乳ガンの危険が増すという研究がある。[14] 1998年米国立環境衛生研究所の諮問委員会は、電磁波と発ガンとの関係をみとめた。[15] 安全とされるのは1ミリガウス以下であるとの説もある。

5．農薬使用

　防臭剤、防虫剤、消毒剤、芳香剤の家庭内の使用も由々しき問題を提起している。生物を殺す化学薬品を室内に散布するのであるから、人間が影響を受けないはずはない。畳のJIS 規格では、防虫処理が必要で、有機燐酸系の殺虫剤をしみ込ませたシートが入れられていたり、また藺草に農薬が残留している恐れもある。[16]

おわりに

　室内汚染は目にみえず注目されにくい。被害者はすぐ死ぬわけではない。因果関係がはっきりしない。外の環境や外気は公共財として規制がすすんだ。室内となると個人の責任にされるきらいがある。

(注)
1) Jacqueline V.Switzer, "Environmental Politics: Domestic and Global Dimentions", p.220, St.Matins Press, 1994
2) 同上
3) 辻垣正彦、「昔ながらの家がよい」p.137、晶文社、2004年
4) Jacqueline, 同上
5) 上村振作「残留農薬データブック」p.225 、三省堂、1992年
6) 総務省、第55回日本統計年鑑(2005年)、p.684
7) 同上
8) 村上直久「世界は食の安全を守れるか」p.147、平凡社、2004年
9) Switzer, 同上、p.225
10) 同上
11) Switzer, 同上、p.227.
12) 朝日新聞（大阪本社版)、朝刊、2006年1月31日、朝刊
13) 「食品と暮らしの安全」p.18, No.185, 2004年9月
14) 「食品と暮らしの安全」p.16, No.188, 2004年12月
15) 「食品と暮らしの安全」p.16, No.112, 1998年8月
16) 「食品と暮らしの安全」p.13, No.187, 2004年11月

第8章　長野県の脱ダム政策をめぐって

はじめに

　ダムは人工構造物（鉄筋とコンクリート）で川をせき止め、水を大量に貯える工作物である。公共事業として各地にダムが建設されて来た。日本においては、ダムのない川はほとんどない状況である。ダムにより村が水没し住民の生活に重大な影響を与え、生態系は大きく変化した。赤潮の発生に明らかなようにダムによって水質は悪化し、川はやせ細る。巨額の建設資金が投入され、財政悪化の原因の一つとなっている。

　今日ダム建設を巡る評価について二つの流れが見られる。ヨーロッパ、米国ではダム建設を中止する傾向が見られるのに対し、中国、インドなどでは、建設が促進されている。中国の長江では、三峡ダムが建設途上にある。日本では、脱ダムの方向性が少し見られるようになってきたものの、開発促進路線の維持も見られる。

　2000年10月に新たに選ばれた長野県知事と県議会をめぐる政治的緊張関係の中で、ダム建設が問題化した。新知事の打ち出した脱ダム政策が政治問題化し、長野県を揺らしたのである。長野県で進められている脱ダムの状況の解説と分析を試みたい。長野県の政治、経済状況のなかで脱ダムがなぜ強い勢いとなったのか。長野県で見られる脱ダムは、はたして今後の日本全体の動きにつながるのであろうか。

１．2000年選挙時の長野の政治状況と新知事の当選

　1999年、長野で冬期オリンピックが開かれた。開催のために巨大な公共事業が長野に集中した。その公共工事のツケが長野県財政を圧迫する情況が明らかになってきた。前知事は5期20年を勤めた。その前の知事は5期21年の統治者であった。41年間県庁出身者の知事が君臨したのである。県議会の政党は共産党を除き、与党化していた。現体制の継続をめざし、共産党を除く全県議会議員、市町村長の支持を受けて副知事が出馬した。共産党のみが独

自候補を立て争う形勢が予測されたのである。そのような選挙をしたのでは、またかわり映えのしない県政が再現されると予想される情況であった。

この選挙では新しい政治を求める声が長野県の有力な企業人，文化人有志から起こった。長野県出身の作家で阪神淡路大震災のボランティア活動、神戸空港反対運動で名を馳せた田中康夫を対抗候補として担ぎ出した。選挙前の7月30日のことであった。[1] 田中康夫氏は県政の改革、行政情報の公開、住民との対話、公共事業の見なおしを公約とした。しかし、脱ダムは公約に入っていなかった。第三の候補者が田中康夫（44歳）であった。無所属として立候補した田中は、58万票を獲得して当選した（2000年10月）。投票率は69％であった。

2．浅川ダムの一時中止

長野市郊外にある浅川ダム建設反対運動が続いていた。浅川ダムは善光寺地震の震央から1.5kmの位置にありまわりは地滑り防止地域であり、ダムが危険なものとして1990年ころより、反対運動（浅川ダム建設に反対する市民連絡会）が続いていた。浅川ダム公金差し止め訴訟が2000年9月1日に243名の原告により提起されていた。

浅川ダムは2000年9月に工事契約が議会で承認されたばかりであった。2000年7月には、浅川ダム契約（入札）があり、その前日談合情報がながれたので、県建設事務所は各契約企業とのあいだで、談合のある場合は契約解除をするとの一札を取っていた。

2000年11月15日、田中知事は浅川ダムの現地調査を行なう。11月22日の住民対話集会の場でダム反対運動の発言を田中知事が聞いた。その場で田中知事は「一時中止」の表明をした。

浅川ダム反対運動が、県民との車座集会に先立ち知事への働き掛けを進め、知事の現地見学があり、その後、知事との対話の中で中止声明が導かれたのである。知事自身の市民運動体験と響きあう面があったこともこの中止声明の理由のひとつであると、わたしは考える。

この浅川ダムが長野ダム建設中止の始まりであった。さらに田中知事は、

2001年1月23日、反対派の運動体により住民訴訟が提起されていた下諏訪ダムを現地調査し、住民と対話集会をした。[2] 田中知事はダム建設の是非については即答を避けた。下諏訪ダムについては、2001年2月20日の脱ダム宣言のなかで中止を表明した。

3．脱ダム宣言

2001年2月20日、田中知事は脱ダム宣言を発表した。この脱ダム宣言は、「数百億円を投じて建設されるコンクリートのダムは、看過し得ぬ負荷を地球環境へと与えてしまう。……国からの手厚い金銭的補助が保障されているからとの安易な理由で、ダム建設を選択すべきではない。」と謳った。この宣言は、日本初のダム反対首長の声明として、全国の新聞、マスコミが取り上げたので全国的な注目を集めた。[3] 下諏訪ダムの建設中止を宣言する具体的政策声明でもあった。

この宣言に対して、県土木部長、市町村長、議会多数派が反発、田中知事との対立が先鋭化した。住民との対話から脱ダム政策を唐突に打ち出し、またダムに変わる代替案もないことから[4] 市町村、県会議員の反発をまねいた。多数派は、下諏訪ダムの予算を復活した。さらに利水、治水検討委員会設置条例を議員立法により成立させ、知事が検討委員会の答申を聞くことを義務づけた。知事の一存でダムをどうするのかの決定をさせない趣旨の条例である。さらにこの条例は、知事が検討委員を任命すべきこと、および住民参加を謳っていた。委員は知事により任命されるとの条項が知事に有利に働くことになる。（検討委員会が答申で知事の脱ダムを容認する答申をしたことから、そう考えられる。）

4．県議会の多数派との対立

検討委員会は15人の知事任命委員より構成された。7人は大学教授、1人は自然保護団体から、5人は県議会議員、1人は、村議会議長、1人は村長という構成であった。2001年6月25日から2年の任期で活動を始めた。委員長に宮地良彦信州大学名誉教授を互選により選んだ。検討委員会は9河川流

域を一括答申された。

　利水・治水検討委員会条例は、9つのダムごとに部会をもうけることが出来ると規定した。この規定により8つの部会が作られた。残り一つの流域は，小委員会で対応するとされた。部会委員は検討委員会委員のうち、委員長が指名するもの、及び特別委員から構成される。特別委員は学識経験者，関係行政機関の職員、河川流域に関係する住民から知事が任命する。一部は公募により採用した。公募基準は、その地区住民であること、会議に出席できること、800字の意見を添えることとなっていた。会議は公開され、傍聴を認め、議事録公開、委員と同じ資料を参加者に渡す。部会はまた公聴会の開催が出来ると規定した。

　淺川、砥川、上川、清川、黒沢川、郷土沢川、駒沢川、角間川について部会が作られ検討がすすめられた。清川については、小委員会形式で検討を行った。検討委員会は、各部会、小委員会の報告にもとづき、答申案をまとめた。

　郷土駒沢川については、ダムによる利水案とダムによらない利水案の両論を併記した。他の8河川については、ダムを建設しないことを答申した。[5] そこで知事は2002年6月の議会で浅川、下諏訪ダム建設中止を表明した。このダム中止に対する議会の反発はきわめて大きく、2002年7月、県議会多数派は知事不信任決議を可決した（賛成44、反対5、欠席11）。[6] 田中知事は、失職を選択、再選挙で県民の判断を仰ぐことを選択した。こうして、ダム問題が県の最大の政治問題となり知事選挙を通してその是非が争われる形となった。

　既に、淺川ダム、及び下諏訪ダムが裁判所で争われているが解決策としてはきわめて多大な時間がかかり、その間に、工事がすすむということになりかならずしも適切に解決できないことも明らかであった。知事選挙にさきだつ2002年8月、下諏訪町で町長選挙があった。そこでも、下諏訪ダム建設が選挙の争点となり知事選挙の前哨戦となった。結果はダム反対派町長が当選した。

　知事選挙は議会多数派対田中康夫の戦いとなっていた。しかし、脱ダムは

選挙の争点からはずされてしまった。[7] 田中康夫に対立して立候補した候補は、脱ダムについて争わなかったからである。共産党のみが田中氏を支持した。他の政党は候補を推薦せず、隠れて反対候補を応援した。田中康夫氏の独善的手法の批判に終始した。[8] 田中知事の人格を争う作戦にでた。

田中氏は、2002年9月1日の選挙で、前回を上まわる支持を得た。有効投票の68％、82万票（投票率73％）を得たのである。（前回の有効投票49％、58万票）[9]

5．淺川ダム工事契約の解約

当選の夜、田中氏は、淺川ダムの工事契約の解除を表明した。県は2002年9月25日、長野市に予定の淺川ダム本体工事の契約を解除した。[10] 本工事契約は2000年9月に県議会が承認されたが、同年10月知事に就任した田中は、11月、一時中止を決定した。利水・治水検討委員会淺川部会は、1年あまりかけてダムによらない淺川の治水対策を決定した。

利水・治水検討委員会の答申は9つのダムについて中止を答申した。田中知事がこの答申にそって、2002年6月、県議会で淺川ダム中止表明したところ知事不信任が決議されたいきさつがある。

ダム工事契約解除のため企業に損害賠償の問題が残った。ところが、県公共工事入札等適正化委員会が2003年1月、本件について談合があると判断、県は契約の無効を主張した。契約時、談合の情報があったので、談合ある場合は契約解除しても異存ない旨の契約があり、これを適用することにより契約企業に賠償しないと決めた。

淺川ダムは、工事が半分程度終わり、総工費400億円のうち、200億円が支出ずみであった。支出の半分に相当する国庫補助金の返還を求められる場合があると言うものである。実情は本ダムの取り付け道路のみが完成し、ダム本体の工事は2000年9月の契約により行われんとしていた。

淺川ダム反対運動の意味を考えよう。10年にわたり、安全性に問題ありとして淺川ダム反対運動が展開されてきた。2000年9月1日、住民訴訟（原告243名）、淺川ダム公金支出差し止め訴訟を提起したところで田中康夫知事が

登場、反対運動の声が届き、一時中止の決定、さらには知事再選後、中止となった。目的を果たしたとして、2003年1月17日、訴訟が取り下げられた。

県土木部は、治水のためにダムに変わる方法を検討中である。

おわりに

　日本では現在脱ダムの方向性が少し見られるようになってきたものの従来からのダム開発促進路線がなお強い。しかし、1990年代後半からダム建設を中止する事例が見られるようになった。長野県の事例は、知事により、全てのダムについて建設を止めようとするものであり、部分的修正ではない点、他の地域のダム議論とは違うのである。長野県の徹底的な脱ダム方針が日本全体に広がるのか、一時的例外的な現象として消えてしまうのかは不明である。

　関東地方のダム計画をみると、国土交通省は戸倉（片品村）ダムのみ下流自治体の反対で中止を決めたものの、群馬八ツ場ダムの建設を推進するとしている。[11]さらに熊本県の川辺川ダムの建設強行などから判断すればかならずしも脱ダムは、全国的なものとはいえない。

　脱ダムはとりあえず、長野県の例外的事例であり、長野県に特殊な政治事情により生じたものと私は判断したい。知事選挙での高い投票率は県民の良識を示しており、その中から脱ダムを進める知事に高い支持を与えた。市民運動を実践した経験のある若い、市民感覚をもった田中康夫氏に長野県政改革への希望が表明された選挙であった。

　第二に、脱ダムそのものよりも脱ダムにいたる意思決定過程において、情報公開、住民参加を取り入れ、透明な手続きを経て結論を導いたことに注目する必要がある。

（注）
1）朝日新聞朝刊、2000年10月16日
2）藤原信、「なぜダムはいらないのか」p.118、緑風出版、2003年
3）保屋野初子、「長野の脱ダムなぜ」p.3、築地書館、2001年
4）読売新聞朝刊、2002年9月2日

5）資料「総合的な治水・利水対策について答申」平成14年6月7日
6）朝日新聞朝刊、2002年7月5日
7）五味省七、「脱ダムから総合治水へ」p.12、信毎書籍出版センター、2003年
8）日本経済新聞朝刊,2002年9月2日
9）朝日新聞朝刊、2002年9月2日
10）信濃毎日新聞、2003年9月12日
11）朝日新聞朝刊、2004年4月6日

第9章　ガン

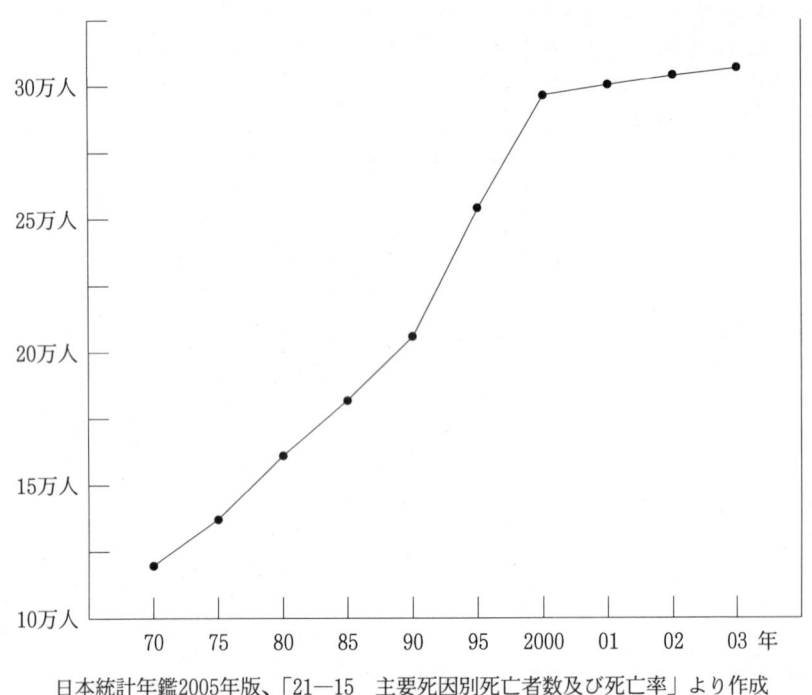

図2　ガン死亡者数の推移

日本統計年鑑2005年版、「21—15　主要死因別死亡者数及び死亡率」より作成

　ガンは生命を特徴づける生命情報の狂いと関係がある。生命を特徴づけるのは細胞の自己複製能力である。世代を越えて次々と子孫をつくるようにできている。細胞が傷つけば健康な体はそれを修復して怪我したところを直すという自己修復能力がある。それが健康な生命体である。
　ガンは自分の思い通りにならない細胞がかってに増殖する自己修復能力の傷ついた状態である。これは生命の設計図の狂いであり、それが引き起こす病気である。細胞中の生命の設計図（DNA）の間違いを引き起こすのがガンである。
　日本では2003年には約31万人がガンにより死亡している。[1] 1981年ガンが

死亡原因の第1位になって以来毎年増え続けている（図2参照）。81年には、16万人がガンで死亡している。また、ガンによる10万人あたりの死亡率は1975年の122から2003年の245と2倍になった。[2]

　発癌物質により人間がガンになるのに15年かかる。2段階でガンが起こる。[3] まず発癌物質により細胞が傷つく。第一のきっかけを作るのが「仕掛け屋」である。第二段階では、ひとつの傷ついた細胞が急にふえてガン細胞化する。このきっかけをつくるのは「仕上げ屋」である。いろいろの発ガン物質に囲まれてくらしているのであるからガンが増えるのは当然である。

　20世紀のガン死亡率の増加は寿命の増加や遺伝的要因だけでは説明がつかない。疫学による調査からガンの70～80％は環境的要因にあると考えられる。[4] 最近のガン増加の原因は工業汚染物質にあると考えられている。[5] プロクターも、「がんを作る社会」で、ガンが大部分環境に起因すると述べた。[6] ガンを発生させる物質がますます多く生産され、環境中に拡散されていき、人間の体に取り込まれるのであるから、ガンの抑止にはこれらの原因を根本的にたたくことが必要ではないかと主張する。レイチェル・カーソンも「沈黙の春」の中で、環境とガンに関して、人間が環境に発ガン物質を撒き散らしたと述べた。[7]

　ジョン・ベイラーは、ガン治療に費やした努力は失敗であったので、ガン研究の資金を治療から予防に方向転換すべきであると述べた。そしてガンの危険を減らすには、発ガン物質の数を減らし、それに暴露されるレヴェルを減らすことであると指摘した。[8] エプスタインは、環境中の発ガン物質がガンの原因と主張した。[9]

　人間の遺伝子読取り作業が進み、ガンの遺伝子治療に大きな期待を抱かせるような報道が目立つ。[10] しかし、ガンの発生を促進したり、抑制する遺伝子の存在が確認されたとしても遺伝子のみによりガンが起こるとはいえない。人間の生理は複雑であり、あたらしく遺伝子を組み込んだとしても、他の遺伝子とどういう関係になり、生理機能にいかなる影響をあたえるのかは予測できない。[11] 体細胞の遺伝子治療は不確実性と危険性に満ちている。[12] ガン患者の治療方法に関心が集中する傾向が明らかである。近藤誠著の「患者よ、

ガンと闘うな」(文芸春秋)の本が1996～97年ベストセラーになり、健康雑誌でガンにきくという食品、薬品の特集があいついでいるがいずれもガンの治療に関するものである。予防を進めるほうが有効なのに、ガン研究のほとんどが治療に向かう傾向がある。[13] ガン犠牲者の治療は予防よりも明白で魅力的で得るところが多く、予防は目に見えず、抽象的な統計であるからというものである。[14]

ガンになりにくい環境をいかに形成するのかに関心を高める必要がある。

(注)
1) 総務省、第55回日本統計年鑑(2005年)、p.684
2) 同上
3) 武部啓、「がんはなぜできるか」p.51、裳華房、1991年
4) S．エプスタイン、「対ガン戦争」p.37、クレス、1987年
5) 同上、p.36
6) ロバート・N・プロクター「がんを作る社会」p.414、共同通信社、2000年
7) 同上、p.84
8) サンドラ・スタイングラーバー「ガンと環境」p.376、藤原書店、2000年
9) プロクター、同上、p.96
10) 日本経済新聞、2000年6月27日
11) ジョン・フェイガン、「遺伝子汚染」p.75、さんが出版、1997年
12) 同上、p.68
13) プロクター、同上、p.446
14) 同上、p.452

第二部　問題群

第10章　海洋環境の保護

　海上輸送の増大、船舶事故の増加、有害物質（とりわけ有毒な難分解性有機化学物質）の拡散と海洋生物による濃縮、深海底の開発の本格化による汚染、漁業資源の持続的でない収奪など21世紀の海洋環境はいままでにない試練に直面している。現行の諸条約の履行の他、さらに新しい国際的合意によってこれらの問題の解決に努めなくてはならない。さらに地球温暖化による海面上昇の予測が出され、早急な対応が要請されている。海洋環境はつながりすべての国の汚染物質が海洋に到達すること、および地球の表面積の3分の2以上を占める海洋のもたらす恩恵が全人類に及ぶことを考えるなら、海洋環境の保全は国際的関心事たらざるをえない。本稿では海洋の汚染の防止、生物資源の保護、海底資源開発にともなう環境問題に国際社会がいかなる対応をしているのかを法律的側面から述べる。

第一部　海洋汚染

　2001年1月16日、ガラパゴスでタンカーが座礁、68万リットルの燃料油の流失により沿岸の貴重な生態系を汚染、ペリカン、カツオドリ、アシカなどの生物が死に至った。（朝日新聞夕刊、2001年1月22日）

　1999年年12月12日、フランスのブルターニュ半島沖で、燃料油2万4千トンを積んだタンカー、エリカ（マルタ船籍）が沈没した。[1]

　1997年1月2日、ロシア船籍のタンカー、ナホトカ号（1万3千トン）が島根県隠岐島沖100kmの日本海（公海）で沈没、重油を流失、日本海沿岸550kmは油に覆われた。[2] とくに被害が大きかったのは、福井県であり、全国からボランティアが油の除去作業にかけつけた。漁業、観光業への打撃は深刻であった。

　1989年3月、バルディーズ号はアラスカ沿岸のプリンス・エドワード海峡で座礁、多量の原油を流失、寒いところで原油の分解は進まず被害を長引かせた。このように海洋がタンカーの事故により原油による汚染を被る事故は

各地で起っている。

　2000年8月14日、バレンツ海でロシア海軍の原子力潜水艦クルクスが100メートルの海底に訓練中沈没した。原子炉2基を積んだままになっている。[3]
1993年、グリーンピースは日本海で放射性廃棄物を投棄するロシア船をテレビに映した。

　廃棄物の海洋投棄や陸上の汚染物が海洋に流れ込むことによる汚染は日常的に起こっている。海洋に廃油ボール、プラスティックがただよい、海水中には有毒化学物質が溶けている。70年代より、北ヨーロッパではアザラシの大量死が報告されている。死んだアザラシからは、高い濃度のPCBやDDTが検出されている。シャチ、クジラも同様に高い濃度で汚染物質を蓄積している。

　国際社会は海洋の汚染にたいして国際会議の開催、条約の採択、国際組織の整備などにより対策を講じて来た。汚染規制にはおよそ4つの方式が見られる。第一は、船舶に注目して、船舶を規制する。第二は海洋への有害物質の投棄を禁止するものである。第三は地域ごとに海洋の範囲を定めそこでの汚染防止と環境の保護をめざすものである。第四は国連海洋法条約によるものである。1994年に国連海洋法条約が発効した。この条約は海洋環境の保全に関して多くの規定を置いている。

1. 船舶による汚染の規制

　船舶による海水の油濁防止に関する条約の成立がいちばん古いと考えられる。油が把握しやすい物質であること、その海上輸送が増加したこと、汚染が広く認識されるようになったことによる。1954年、英国は油濁問題に関する外交会議をロンドンで主催した。全世界の船舶の総トン数の95%を代表する30ヵ国が参加した。「1954年の油による海水の汚濁防止のための国際条約」がそこで合意された。この条約は、締約国政府の領域で登録されている船舶、および締約国政府の国籍を有する船舶に適用される。同条約はこれらの船舶からの油の排出を禁止し、また油記録簿を公式の航海日誌の一部として備え付けるべきことを義務づけた。義務違反の場合には、船舶所属国が法令にも

とづいて罰する。他の締約国の旗を掲げる船舶の違反については該当国に証拠の明細書を提出する権利を有する。

1967年3月18日、タンカー・トーリーキャニオン号6万トンが英仏海峡の公海上で座礁した。11万8千トンの油が流失した。この事件が国際法の不備を示したので政府間海事協議機関（IMCO）はこの問題の法律的側面を検討するため、1969年、ブラッセルで法律会議を開いた。1954年の油濁防止条約の改正と次の二つの条約を採択した。

「油濁損害にたいする民事責任条約」は各締約国の船舶に、油濁による損害を起こした時、民事責任を負わしめることを明記した。タンカー所有者に対して無過失責任を負わせ責任限度額を定めた。被害の生じた国家に損害賠償の管轄権を認めた。さらに被害地国以外の締約国における判決の執行力を規定した。

「油濁損害の場合における公海上の介入に関する国際条約」は、沿岸国に公海上の外国船への介入権の発動をみとめた。1973年には油以外の有害物質の事故の場合にも沿岸国に同じ措置を取ることを認める議定書を採択した。

1971年、IMCO加盟国により採択された「油濁損害補償のための国際基金設立条約」は上記の民事責任条約により船主に負わされた余分の財政負担を軽くするため、油濁損害の犠牲にたいし、余分の補償を提供するものである。基金は責任限度額を越えない範囲で被害を補償する。タンカー事故によって、領海、海岸に損害を受けた時、沿岸国はタンカー船主に損害賠償請求をなしうる。この基金に拠出するのは原油または重油の輸入者である。輸入者は石油の購入量に比例して支払う。

「1973年の船舶による汚染の防止のための国際条約」（以下マールポル条約）は油その他の有害物質による船舶からの汚染を規制すべく締結された。1954年の油濁防止条約の規制対象が石油のみであったのを、有害物質に広げたのである。有害物質とは、油、油性混合物（付属書Ⅰ）、油以外のばら積み有害液体（付属書Ⅱ）、容器に入った有害物質（付属書Ⅲ）、汚水（付属書Ⅳ）、廃棄物・ゴミ（付属書Ⅴ）および大気汚染物質（付属書Ⅵ）と定義されている。マールポル条約を受託した国については、本条約が1954年の油濁

防止条約に取って代る。付属書Ⅴはプラスティック類の投棄を禁止した。

マールポル条約はいまだ発効していない。規制が厳しすぎるためと指摘されている。そこで対応に時間がかかるとされる付属書Ⅱを留保する議定書を1978年に採択し、マールポル条約の内容を実質的に適用することが行なわれている。

油以外の損害にたいする補償制度を作るべく努力がなされてきた。1984年有害および有毒物質の海上輸送の際の賠償責任、補償に関する国際条約の草案が作成されたが、採択されなかった。その後、IMOの法律委員会が案を練り、これを1996年に採択させた。この条約は油濁損害にたいする民事責任条約の補償制度をモデルとしている。約6千種類の有害物質を対象にしている。これらの有害物質の定義はマールポル条約の規定に従っている。

また油濁事故の際の国際協力を定めたのが、油濁事故対策協力条約（1990年の油汚染に対する準備、対応および協力に関する国際条約）である。締約国の船長は油濁事故の際に報告と通報が義務づけられている。また、締約国は相互に油による汚染事故に対応するため援助を提供することを約した。1995年5月に、この条約は効力を発した。

船舶の規制は、旗国主義の原則が貫かれている。船舶の登録国すなわち旗国がその船舶に管轄権を行使するのである。旗国主義は公海自由の原則から導かれる。

船舶による油をまず規制することから海洋汚染対策が始まったといえよう。ロンドンに設立された政府間海事協議機関（IMCO）が条約交渉の窓口となったのは蓋し当然であった。IMCOは1982年に国際海事機関IMOと改称された。

このように石油の海上輸送、タンカー規制から汚染対策がはじまり、やがてIMOが生まれるとIMOを通じて船舶による海洋汚染対策が講じられてきた。規制物質も油から、有害物質へと広げられてきた。事故の際には、公海上であっても沿岸国が介入できる制度や損害を補償する制度、相互協力する制度、船舶の構造強化など船舶に関しての規制を進めてきた。海洋の汚染規制に関しては、この方式がいちばん進んでいると評価できる。

2．有害物質の海洋投棄を禁ずる条約の成立

「1967年の北大西洋漁業活動に関する条約」は、魚類、漁具、漁船に害を与える物質を投棄してはならないと規定した。1971年10月、ドイツ、ベルギー、デンマーク、スペイン、フィンランド、英国、フランス、アイスランド、ノルウェー、オランダ、ポルトガル、スウェーデンの12ヵ国は北海および北東大西洋海域を範囲とする「船舶、航空機による海洋投棄を防止するための条約」（オスロ条約）を結んだ。このオスロ条約は、同一内容の規定を含む1992年北東大西洋海洋環境保護条約が発効したので効力を停止した。

オスロ条約と同様の条約を世界的に広げようとして「ロンドン海洋投棄条約」（廃棄物その他の物質の投棄による海洋汚染の防止に関する条約）が1972年11月、91ヵ国の参加のもとにロンドンで合意された。本条約はその国の領土で登録されているか、またはその国の旗を掲げる船舶および航空機に適用する（第7条第1項）と規定する。

1993年、この条約締約国会議においてすべての放射性廃棄物を海洋に投棄することを禁止した。ロシア共和国による日本海での低レベル放射性廃棄物の投棄がグリーンピースにより暴露された事件のあとを受けた措置であった。

1996年には、ロンドン条約の議定書に関する特別会合が開かれた。いわゆる1996年議定書が採択された。この議定書は、原則としてすべての有害物質の投棄を禁止した。（現行条約の付属書は投棄の禁止される有害物質を登載するという禁止リスト方式とっているが、この方式を変更するものである。）ただし96年の議定書は、例外として個別の許可により投棄が認められる廃棄物を掲載した。これら廃棄物の投棄の許可にあたっては、海洋環境に対する影響を評価しなければならない。事前評価および事後評価が求められている。また、PCBなど有害物質を含む廃棄物の洋上焼却の禁止、そのために輸出することも禁止された。

有害物質の投棄を禁ずるという行為の規制により海洋環境を守るというのがこれら条約の特質である。

3. 地域的海洋環境保全条約

1970年ごろから閉鎖性海域における海洋汚染が深刻化してきた。1972年のストックホルム人間環境会議では海洋汚染を取り上げた。1974年にパリで締結された「陸上源からの海洋汚染の防止のための条約」は12のヨーロッパ諸国とECが調印した。北極海の一部、北海、大西洋の一部を含む海域を対象としている。陸上起因の汚染の規制を目的とした条約である。さらに同年、「バルト海域の海洋環境保護に関する条約」が政治体制を異にする沿岸7ヵ国により締結された。

1972年のストックホルム人間環境会議の勧告により国連環境計画（UNEP）が誕生した。UNEPは地域的海域の環境保護のための条約締結に貢献した。UNEPの働きかけにより世界の各地域的海域の環境保護に関する条約が成立した。

1976年に地中海汚染防止条約（汚染にたいする地中海の保護に関する条約）が締結された。地中海という海域が本条約の対象でる。船舶、航空機からの投棄による汚染の防止、船舶からの汚染防止、大陸棚、海底開発からの汚染、陸上汚染源から生じる汚染の防止など総合的な汚染源対策を打ち出している。

地中海汚染防止条約の他、下記の地域についての条約が成立した。

① ペルシャ・アラビア湾海域：クウェー条約、1978年
② ギニヤ湾（西・中部アフリカ地域）：アビジャン条約、1981年
③ 南東太平洋：リマ条約、1981年
④ 紅海：ジェッダ条約、1982年
⑤ カリブ海：カルタヘナ条約、1983年
⑥ インド洋：ナイロビ条約、1985年
⑦ 南西太平洋：ノーメア条約、1986年
⑧ 北東大西洋海洋環境保護条約：1992年
⑨ バルト海洋環境保護条約：1992年

UNEPの後援により成立したこれらの条約は陸起因汚染防止のための一般的義務を国家に課した。詳細な規定は、後で議定書により定めることになっ

ている。1980年に地中海汚染防止条約（バルセロナ条約）当事国は「陸上起因汚染からの地中海の保護のための議定書」を作成した。アルバニア、シリア、ユーゴスラビア（当時）を除く15ヵ国の沿岸国とEECが地域的環境管理について合意したのである。汚染軽減のために適切な対策を取るとの計画がたてられた。UNEPが資金援助をおこなっている。

91年に地球環境基金（Fonds pour l'Environnement Mondial）が設立された。この基金は国際的海域の保護のための資金を提供することになった。この基金から99年までに3億6千万ドルが支出された。

4．国連海洋法条約によるもの

1994年に発効した国連海洋法条約は第12部「海洋環境の保護および保全」（192条から237条）に環境保護の規定を置いている。条約第192条で「いずれの国も、海洋環境を保護しおよび保全する義務を有する」と一般的に規定する。その上で海洋汚染を陸上源、海底、深海底、投棄、船舶、大気を海洋汚染源として分類した。

第207条2項の「いずれの国も、陸上源からの海洋環境の汚染を防止するため、軽減しおよび規制するために必要な他の措置を取る」との規定を置いた。陸上起源による海洋汚染は70%をしめ、陸からの汚染物質は毒性、残留性、生物濃縮性において深刻な問題を提起している。国際的な対策はいまだ存在しない。

海底については、国の管轄下でおこなう開発活動に関して各国家が汚染の防止をはかるべきことを定めた。深海底の開発から生ずる汚染に対しては、国際海底機関が管轄権を有することとした。投棄については、いずれの国も投棄による汚染を防止するための法令を制定すべきことを定める。船舶については、権限ある国際機関、外交会議を通じて船舶からの海洋汚染を防止するため国際的な規則を定めるものとする。「権限ある国際機関」とは国際海事機関（IMO）を意味し、一連の船舶関連の条約群を前提にしている。大気起源の汚染についても、船舶起源の汚染対策同様、権限ある国際機関、外交会議を通じて、いずれの国も対策を講ずると規定している。1997年ロンド

ンで開かれたIMO主催の会議で、マールポル条約付属書VIを採択し、船舶の燃料油を硫黄分4.5％以下でなければならないと規定した。バルト海域では、1.5％以下と定められた。

　国連海洋法条約は入港国にも、船舶の管理権をみとめ、海洋汚染、安全、労働についての諸条約の規制の実施のため取締りの強化を図っている。旗国主義による取締りを補う趣旨である。

　5．アジェンダ21
　リオの地球サミットで採択されたアジェンダ21は、海洋汚染、生物資源の保護、合理的利用、開発について第17章で詳しく規定した。とりわけ海洋汚染の防止について、国連海洋法条約の規定を基礎にして行動をとることを勧告した。船舶による汚染に関する諸条約、議定書の幅広い批准と実施、汚染の監視強化、危険物質、核物質の海上輸送の規約１の検討の促進を宣言した。陸上源からの海洋環境の汚染を防止するため、UNEP理事会に早急に会議を開くことを要請した。海洋投棄条約のより広い批准、実行をもとめている。船の汚れ防止のため使用されている有機スズ化合物のペンキによる汚染防止をあわせて要請した。

　アジェンダ21は国際会議で合意された行動計画である。法律的拘束力はないものの、国際社会の合意を文章で示したものであり、対策を進める上で重要な役割を果たしている。ばらばらに結ばれた海洋汚染防止のための条約、外交会議の合意を総合化し、全体的視野を与えている。

　第二部　海洋の生物資源保護
　公海漁業の秩序維持に関する国連総会の諸決議、回遊性のある魚類の公海上での捕獲を禁止する条約など資源保護に関する国際的取り決めが存在する。これら漁業に関する合意の背景には資源の開発目的、すなわち最大の収穫量の確保という考えがある。さらに特定の哺乳類の保護のための条約がある。また、南極生物資源条約は南極での生態系を守る目的を持つ。

1. 公海漁業協定

　国連海洋法条約第63条は、同一の魚種、関連する魚種が複数の200海里水域、および公海にかかわる場合、国際管理体制を確立すること、また関係国で調整することを求めている。リオでの国連環境開発会議では、公海漁業が議題とされた。アジェンダ21も魚種に関する国際協定を求め、移動性魚資源と高度回遊性魚資源に関する会議の召集を要請した。さらにアジェンダ21は、(1)自国の旗を掲げている船舶の公海上での漁獲活動が、乱獲を最小化する方法でおこなわれるようにすべきこと (2)公海上での自国籍船舶の監視体制を強化すべきこと (3)大規模流し網漁業に関する国連総会決議（46／215）を完全実施すべきであるとした。

　アジェンダ21の規定にしたがい1993年4月19日より、国連の召集による会議が開かれた。会議では公海魚業により魚獲量が減ることに危機感をいだいた沿岸国が主導権をにぎった。排他的経済水域と公海を移動する魚種にあっては、公海漁業の規制なくしては保存がかなわないからである。交渉の結果、1995年6月4日「移動性および高度回遊性魚種に関する協定」が採択された。

　協定は魚種の長期的保全と持続可能な利用、当該種の個体群全体の管理を基本としている。関係する国家の200海里（排他的経済水域）内での規制との調整および地域的管理体制の確立を求められている。海洋の生物多様性の保全も視野に入れられている。科学的根拠に基づいた規制がめざされる。予防的措置が導入され付属書Ⅱにその手続きが規定された。上限値と目標値が考えられている。上限値を越えないよう漁業管理がされることを定め、越えるときは必要な措置をとることが求められている。旗国にも完全な取締を要求した。旗国以外の国が査察することも定められた。すなわち入港国の取締りを認め途上国の支援、特別基金の設置を定めた。この協定は30ヵ国の参加により発効する。95年6月には26ヵ国が署名した。署名したのは沿岸国がほとんどである。日本とEC加入国は署名も拒否した。沿岸国にあまりにも有利な規定となっているからである。

2. 公海流し網漁業の禁止

　大規模流し網による漁法の発展により、公海における乱獲が深刻化してきた。また混獲防止も重大な課題となった。サケ、マスなど母川国に管轄権のある川をさかのぼり、卵を生む魚種の乱獲を防止し、絶滅のおそれのある種を守ることが課題となった。海洋哺乳類、海ガメなど必要でない種までも捕ってしまう無駄をなくすことが考慮された。

　1989年南太平洋流し網漁法禁止条約が合意された。南太平洋の一定の海域で（各国の200海里水域を含む）2.5km以上の流し網による魚獲を禁止した。締約国は自国民、自国籍船舶の流し網漁法を禁止することを約した。また自国の管轄下にある水域での流し網の使用を禁止すること、さらに漁獲物の陸揚げの禁止、輸入の禁止、流し網船の入港禁止、流し網の所有禁止などを規定した。

　国連総会では、1992年までにすべての公海において大規模流し網を禁止する決議を行なった。（91年、決議46／215）リオの地球サミットで採択されたアジェンダ21は、この国連決議を完全実施すべきことを勧告した。

3. 個別種の保護条約

(1) 北太平洋遡河性魚種条約

　国連海洋法条約第66条はサケ、マスなど河を遡上し、卵をかえす魚種について特別の規定を設けた。すなわち遡河性魚種については母川国に第一義的利益と責任を認めた。これらの魚種はその川のある国が管轄権を有し、公海上で捕獲することを禁止した。公海上でこれらの魚獲は、母川国の必要性を考慮し、魚獲条件についての合意の得なければならないと規定された。

　北太平洋においてはロシア、アメリカ、カナダ、日本のサケ、マスが混交している。そこで、4ヵ国はこれらの魚種を保全するため、北太平洋遡河性魚種条約を1992年に結んだ。シロザケ、ギンザケ、カラフトマス、ベニザケ、マスノスケ、サクラマス、スティールヘッドの7種を北太平洋上の公海でとることを禁止した。

(2) ミナミマグロ保護条約

　国連海洋法条約や第64条は、海洋漁業国、沿岸国が高度の回遊性を有する資源の保存とその最適利用を確保するために、適切な国際機関を通じて協力すべきことを規定した。この規定により、南太平洋におけるミナミマグロに関する条約が、オーストラリア、ニュージーランド、日本の間に、1993年5月締結され、ミナミマグロ保存委員会を設置した。この委員会は、生態学上の情報を収集し、必要な規制措置を定める。漁獲量、各締約国の割当量を決める。

(3) クジラ類保護に関する条約

　国際捕鯨条約は1948年に発効した。クジラ族を将来の世代のために保護することが世界の利益であると認め、過去の乱獲を反省し、すべての種類のクジラを保護する目的を有する。第3条により国際捕鯨委員会（各国政府から一委員）を設置した。委員会はクジラの研究をすすめ、クジラ資源の保存、利用について規制する権限を与えられている。委員会は、クジラの保存と最適利用を確保するために科学的認定にもとづいて規則を修正することができる。締約国は、90日以内にこの修正に対して、異議申し立てができ、その場合は、この修正は効力をもたない。また、締約国は科学的研究のためクジラを捕獲し、処理する特別許可を与えることができる。この許可は委員会に通知しなければならない。1994年に委員会総会は南極海サンクチュアリー決議を採択した。この海域での捕鯨が全面的に禁止されることになったのである。

　北太平洋オットセイ保存暫定条約（1957年）が米国、日本、カナダ、ソ連により締結された。オットセイの持続的利用可能性を最大の状態に維持する目的を有する。米国はオットセイの捕獲に反対を立場をとるようになり、条約は延長されず1984年に失効した。

(4) 南極アザラシ保存条約

　南極アザラシ保存条約は南極のアザラシが商業捕獲から害を受けやすいこ

とから、効果的な保存が必要と認め、いかなる捕獲も最低の持続的生産の水準を越えないよう規制すべく（前文）締結された。1972年に作成され、1978年発効した。本条約は南緯60度以南の海域で適用され、6種のアザラシに関するものである。付属書により猟獲許可容量、種類、禁漁期、禁漁区域、報告、その他の規制措置を定める。特別許可により限られた数量のアザラシを殺し、捕獲することを認めることとし、その許可の内容を締約国および、南極条約科学委員会に報告すべきことを定めた。

付属書は一年間あたりの猟獲頭数をカニクイアザラシ17万5,000頭、ヒョウアザラシ1万2,000頭、ウェッデルアザラシ5,000頭と規定した。

(5) 南極海洋生物資源保存条約

南極条約第9条は動物、植物相の保全のための措置を定めていた。同条約の締約国会議はさらに国際的な規制をもとめ、南極条約とは別の条約の採択をめざした。こうして南極海洋生物資源保存条約が1980年に作成され、1982年発効した。南緯60度以南の地域における海洋生物資源および南極圏内の海洋生態系に属する海洋生物資源について適用される。南極の海洋生態系を本来のままの状態において保護すること（前文）が宣言されている。本条約の目的は海洋生物資源の保全であり（第2条）、「保全」には合理的な利用が含まれている。採取、捕獲の量は年間純加入量を最大にすることが求められている。締約国は「南極の海洋生物資源の保存に関する委員会」を設置し、法人格を与えた。各締約国が委員会を構成する。委員会は南極の生物資源、海洋生態系を調査する。保存措置を講ずる。保存措置には採取、捕獲できる種別の量を指定することを含む。

第三部　海底資源開発

海底は、国家の管轄権の及ぶ区域と及ばない区域に分かれる。後者は深海底と呼ばれ人類の共同の財産とされる。深海底における活動は、人類全体のために、国際海底機関が管轄権を行使する。将来有望とされる鉱物資源の開発から生ずるであろう環境汚染防止に関してもこの国際海底機関が権限を有

する。

　沿岸では海底油田の開発、操業による汚染が深刻である。自国の管轄海域における海底活動からの汚染にたいしては、沿岸国が管轄権を行使する。汚染防止は沿岸国の国内法に委ねられている。

1．深海底の開発に対する環境保護

　1994年11月16日に発効した国連海洋法条約は、海底を二つの区域に区別している。第一は自国の管轄海域における海底活動からの汚染に対するものであり（第208条）、第二は国家の管轄権を越える深海底における活動である（第209条）。

　自国の管轄海域における海底活動からの汚染については　国際基準、規則と同等の効果を有する国内法に従い、沿岸国が管轄権を有すると規定される。

　深海底開発については国際海底機関が管轄権を行使するものと規定する。国際海底機関は、国連海洋法条約の成立にともない設立された。事務局（ジャマイカに置かれた）、総会、36ヵ国よりなる理事会、理事会のもとにもうけられる法律技術委員会の組織からなる。国際海底機関は深海底における活動から生ずる有害な影響からの海洋環境の効果的な保護を確保するため、この条約に基づいて必要な措置を取るとされる。そのため規則、手続きを採択することができる（第145条）。海洋環境の汚染やその他の危険の防止、軽減、および規制ならびに海洋環境の生態学的均衡にたいする影響の防止、軽減および規制、とくにボーリング、浚渫、掘削、廃棄物の処分、これらの活動にかかわる施設、パイプラインその他の施設の建設、運用、維持等の活動による有害な影響からの保護の必要性にたいして特別の注意が払わなければならい――同条 (a)。

　理事会は深海底における活動から生ずる海洋環境にたいする重大な害を防止するため、緊急の命令を発し、また危険性のあることが明確なばあいには、開発の契約を承認しないことと規定される（第162条）。理事会の機関たる法律技術委員会は深海底における活動が環境に及ぼす影響を評価し、また海洋環境の保護のための措置について理事会に勧告する。規則、手続きを作成し

て、理事会に提出することと規定される（第165条）。

2．海底の油田開発にともなう汚染

1977年海底資源開発による油濁損害責任条約がヨーロッパで結ばれた。北海における海底油田の開発は深刻な汚染を引き起こしている。1995年、北海でブラントスパー（櫓）海洋投棄事件の時は、シェル石油とグリーンピースの対決となった。老朽化したプラットホーム（櫓）を英国政府の許可を得て大西洋に投棄しょうとするシェル石油に対し、海洋汚染を招くとして、グリーンピースがプラットホームの占拠とシェル製品不買運動を行い、シェル石油にこの計画を断念させた。

おわりに

海洋汚染防止は、まず船舶による油汚染にたいする規制から始まった。海運国を中心とした動きであった。国際海事機関（IMO）を討論の場として、油以外の有害物質にも規制対象をひろげた。また、船舶事故による汚染に対応するための措置、損害賠償制度をもうけた。次に、海洋投棄に対する規制を進めた。海をゴミの捨て場とする考えが否定された。放射性物質の海洋処分の全面禁止にまで進んだ。しかし、陸上起源の海洋汚染にたいする対策は立ち遅れている。地域的海洋保護条約により対応が始まったばかりである。すべての海域が地域的海洋環境保護条約により規制されていない。

1982年に制定され94年に発効した国連海洋法条約は、国家の海洋汚染防止義務をうたった。また、すでに存在する海洋環境保護条約を一層発展させることを奨励している。最近動きだした深海海底開発制度に対しては、国際海底機関に環境保護のための権限を与え対応しようとしている。

生物資源保護は、漁業生産にたいする対応、特定動物の絶滅の防止を中心にすすめられてきた。公海での漁業が、資源破壊的になる傾向に歯止めをかけるため流し網漁法の禁止、漁獲量の上限の設定などにより規制をかける体制がとられている。また、海洋哺乳類の保護も大きな課題となっている。南極地域の環境、生態系を保全するための法的枠組みも整備されつつある。

日本は最大の魚貝類の輸入国であり、石油をタンカーによって輸入し、クジラを取りつづけ、原子力発電所の温排水を海に排出し、プルトニュウムを海上輸送し、干潟を埋め尽くそうという点で海との関わりはきわめて大きい。ここに海洋国として海洋環境の保全に一層の貢献が求められるゆえんがある。

(注)
1) 朝日新聞夕刊、1999年12月13日
2) 朝日新聞朝刊、1997年1月3日
3) 朝日新聞朝刊、2000年8月15日

参考文献
- 月川倉夫　第8章「陸起因汚染からの海洋環境の保護について」―地域条約を中心に　林茂、山手治之、香西茂編「海洋法の新秩序」東信堂、1993年
  海洋汚染のもっとも大きな源である陸上からの汚染にたいする地域的な取り組みを紹介している。
  著者は国際河川の汚染問題から海洋の汚染にたどりついたと言われる。
- 磯崎博司、「国際環境法」信山社、2000年
  国際環境法にかんして総合的、体系的にまとめられた。国際法の国内法による受容、武力紛争時の問題、貿易との関連、履行確保など広い観点から論じている。
- Djamchid Monz, "L'Accord relatif a la Conservation et la Gestion des Stocks de poissons chevauchants et grands migrateurs," Annuaire Francais de Droit International, XLI, 1995
  公海漁業に関する外交会議から生まれた本条約を詳細に解説した。
- Tullio Treves, "Reflexions sur quelques consequences de l'entree en vigueur de la convention des nations unies sur le droit de la mer" A. F. D. I, XL, 1994
  国連海洋法条約の発効は、慣習、既存の条約といかなる関係になるのかを解説。
- 地球環境法研究会「地球環境条約集」第4版、2003年、中央法規
  主要な環境条約を集めるのみならず、章ごとに総論的説明を加えている。「海洋環境」、「海洋生物」の章の解説は問題点を分かりやすく解説している。
- 桑原輝路「海洋国際法」国際書院、1992年
  海洋法を詳しく体系的に論じた。深海底、国際海底機関についての説明はきわめて有用である。
- 長谷敏夫　「国際環境論」時潮社、2000年
  地球的規模の環境問題、問題に対応する組織の動きを平易に解説している。
- 横田洋三編「国際機構論」新版、国際書院、2001年
  国際機構を体系的に説明している。国際海底機構の説明は時宜を得たものである。
- 加藤一郎編「公害法の国際的展開」岩波書店、1982年
  国際環境法の総合的解説書である。

第11章　酸性雨

1．定義

大気中に350ppmの炭酸ガスが存在している。これが降水に溶けると、炭酸が生成され降水は、5.6pHを示す。(酸性は、1〜14の等級で示される。7を中性とし、これ以上をアルカリ性とし、これ以下を酸性とする)。降水が酸性であるとは、5.6pH以下を意味する。[1] 石油、石炭の燃焼により二酸化イオウや二酸化チッソを生成、大気中で硫酸、硝酸ができる。これが降水に溶け、あるいはそのまま地上に降る。これを酸性雨と呼ぶ。

2．実状
(1) 日本

明治18年（1855年）、栃木県足尾銅山を取得した古河鉱業（株）は、銅の精練を始めた。工場は多量の二酸化イオウを排出、風により上流にある松木村に流れ出た。松木村では、有毒ガスにより農作物が全滅し、生活が維持できなくなった。村の不動産を古河鉱業が買収し、村人が土地を離れたので村は消滅した。[2] そのため人の居ない土地で古河鉱業は遠慮なく精練を続け、松木村では植物も全滅し、岩肌が露出する荒涼とした土地になった。1951年（昭和31年）になり古河鉱業は脱硫装置をつけたので、二酸化イオウの排出は減った。古河鉱業は、銅の精練により松木村を含む広大な地域の植物を枯らし、いわゆるハゲ山を作り出した。木々を失った山は保水力を失い、下流の渡瀬川に洪水を起こした。洪水は、銅などのイオンを含む鉱滓を押しながし農作物に被害を与えた。下流の農民は古河鉱業に操業の停止を求めて反対運動を起こした。地元選出の田中正造は衆議院議員の職を辞して、明治天皇に直訴しようと試みた。しかし、明治政府は銅の生産を不可欠とし、反対運動を弾圧した。政府は洪水対策のためと称し、下流の谷中村を沈めて、貯水池を作った。[3] このように日本の酸性雨の問題は足尾に始まった。

1950年代から各地で大気汚染が深刻となり、酸性雨の測定が始まった。

酸性雨は日本全体に降っている。ヨーロッパ、カナダなみの酸性雨が降っている。[4] 大都市、山奥を問わない。太平洋ベルト地帯が主要発生源である。関東平野、伊勢湾、大阪湾、瀬戸内海、北九州、北海道の室蘭などが固定発生源である。また高速自動車道の拡張により自動車排気ガスによる被害が広がっている。[5]

中国、東南アジアの工業化、自動車増加により海を渡る汚染もふえている。日本海沿岸、九州の東シナ海に面したところで、春先に強い酸性雨が観測されるのは韓国、中国より飛んでくる物質のためである。[6]

小雨、霧雨ほど酸性が強い。大気中に浮く硫酸酸化物、チッソ酸化物は、水蒸気と結びつきやすい酸ミストをつくる。

関東平野のスギ枯れ、日光白根山のダケカンバの立ち枯れ、赤城山のシラカバ、丹沢山地の大山でモミの立ち枯れ、妙高高原の1930年に植林されたドイツトウヒの枯れなど被害があらわれている。[7] 金属製品、銅葺きの屋根がいたむなどの被害もある。1万年は持つといわれる日本刀が曇りやすく8年でぼろぼろになるなどの被害もある。[8]

松枯れは、かみきりむしの運ぶマツノセンザイチュウで枯れると断定し、農薬を空中散布する事業がおこなわれている。「松食い虫被害特別対策特別措置法」により、予算をつけている。しかし、マツノセンザイチュウのいないところも松が枯れたり、農薬をまいても松は枯れていく。松枯れのほんとうの犯人は大気汚染であり、[9] 酸性雨、霧が関係しているとすれば的外れもはなはだしい。空中農薬散布による水源の汚染や、害虫を食べる鳥、昆虫までも殺してしまう。1962年にカーソンが批判した農薬散布が、この人口過密な日本で繰り返されている。税金は、農薬会社に流れ、ヘリコプター会社も利益にあずかる。犠牲になるのは、逃げることのできない小動物、住民の健康である。

酸性雨による日本の被害が大きくないのは、降雨が多く、雨水が急速に海に流失することが原因と指摘される。[10] 降りはじめの強い酸性雨も大量の雨で薄められるのである。雨が多いのに大気中の湿度が低いこともある。日本の平均湿度は66％で、霧や煙霧が発生しにくいということもある。

(2) ロンドンスモッグ

1880年、スモッグのためロンドンで1,200人が死亡した。[11] 19世紀後半の英国は世界最大の大気汚染国であった。1952年の「殺人スモッグ」は12月7日暗い日曜日で始まった。スモッグのため視界はきかず、自動車が大渋滞した。視界は5メートル以下であった。9日スモッグは町の中心から30kmに広がる。雨はpH1.4～1.9をしめした。その後数か月で4,000人が死亡した。老人と乳幼児に死亡者が多かった。気管支炎、心臓発作が多かった。暖房のため石炭を家庭でたくので、煙が逆転層のため上空に拡散できず、地上に低くたれこめたのである。

(3) ドイツ、ギリシャ

ポーランド・チェコ国境をなす山脈の頂上付近の針葉樹の90％以上が枯死した。[12] 針葉樹は、胚珠が裸のため種子が酸性雨で傷つきやすいとの指摘がある。ドイツ・チェコ国境のエルツ山脈も同様の状態である。ドイツの森林の60％が酸性雨の被害を受ており、森の中を散歩するドイツ人に危機感を与えた。ケルン大聖堂のステンドグラスも傷みがはげしい。[13] ケルン大聖堂の彫刻の像も溶けだしている。ギリシャのアテネの大理石からなる遺蹟への被害もめだつ。

(4) ハンガリー

重工業化とモータリゼイションの進むハンガリーでは、1960年以降スモッグがひどくなった。ブタペストは、ヨーロッパでもっとも汚い都市といわれる。[14] バルカン方面への幹線道路が通じているため車が集中するためである。

(5) 北欧

スカンジナビア半島では酸性雨によるひどい被害が目立つ。[15] ストックホルム空港から市内へ向かう道路では針葉樹の立ち枯れが目に付く。南部の湖沼群では、酸性化したため、魚や昆虫がいなくなった。地下水が酸性雨によ

り汚染され、水道管が腐食され破裂する事故が起こっている。

(6) 中国
　中国の全産業用エネルギー源の76％が石炭、大気中に排出される硫黄酸化物の90％、粒子状物質の70％が石炭に起因、消費量が多いうえ、石炭を利用する工場などが脱硫装置や集塵装置がなく大気汚染がひどい。[16] 冬には、一般家庭と事務所で暖房用に使う石炭が加わる。工業生産は、1980年～90年に2倍～3倍となり、このまま硫黄分の多い国内産の石炭を使えば、酸性雨が激化する。
　広東省、広西壮族自治区、四川盆地、貴州省で被害報告がある。森林面積は107万haにおよぶ。重慶、貴陽、柳州、南昌、覆門、福州、青島が酸性雨地域となっている。2000年の「環境状況報告書」によれば国土の30％で酸性雨による汚染がある、改善が見られないと言う。[17]

3．外交問題
(1) ヨーロッパ諸国のあゆみ
　スカンジナビア諸国は1950年ごろから英国、ドイツなどの工業地帯から飛来する汚染物質に悩む。ノルウェー、スウェーデンの南部の湖から淡水魚が減りまた消えていった。
　スウェーデンの科学者スバンテ・オデンは1967年二酸化イオウによる国内の湖沼の酸性化についての研究結果を発表していた。それをスウェーデン政府が取り上げ、解決策を探り始めた。スウェーデンが、1972年のストックホルム会議で酸性雨の対策を訴えたのはその一環であった。[18] スウェーデンは独自の報告書「国境を越える大気汚染——二酸化硫黄の場合」を提出した。主要工業国はこれを無視した。このストックホルム会議をきっかけに、OECD内部でノルウェー主導で欧州における大気汚染物質の長距離移動および二酸化イオウの研究が始まる。72年、OECDの「大気汚染の長距離移動測定のために技術協力プログラム」に11ヵ国が参加した。[19] こうして硫黄分に関するモデル研究が始まった。このモニタリングプログラムは国際的な事実発

見の計画であり、1977年からは国連欧州経済委員会のモニタリングに引き継がれていく。

1975年に全欧州安全協力会議（CSCE）がヘルシンキで開かれた。(1) 安全保障、(2) 経済協力と環境、(3) 人権がとりあげられた。ソ連側は、「人権」を嫌い、経済協力と環境に議論を集中させる作戦をとった。「ヘルシンキ最終合意書」を採択したが、経済協力と環境の問題を国連の欧州経済委員会に委託することで合意した。[20]

1977年に、国連欧州経済委員会ではノルウェー、スウェーデン、カナダが酸性雨の原因物質の排出削減案を共同提案、条約交渉にはいった。[21]英国、西ドイツが反対した。2年後に条約交渉は妥結した。1979年11月13日～16日ジュネーブのヨーロッパ国連本部で34ヵ国とECの代表が「長距離越境大気汚染防止条約」に署名した。[22]アメリカ、カナダもこれに参加した。この条約は、ストックホルム人間環境宣言第21条を引用し、各国が、自国の管轄権内または支配下の活動が、他国の環境や国際的領域に損害を与えないように措置を取る責任を明記した。

この条約交渉開始（1977年）と同時に「長距離移動大気汚染物質モニタリング・欧州共同プログラム」が開始された。[23]コンピュータモデルの結果によれば、スカンジナビア諸国が被害国であることが一目瞭然になった。公害の輸出が判然としたのである。

EC主要国が条約に署名したが、単なる宣言的条約であり、努力目標が示されているにすぎなかった。スカンジナビア諸国の主張は大きな圧力ではなかった。

1981年になり、Der Spiegel 誌（11月16日）が酸性雨を特集、ドイツの森の枯死を報道した。[24] 5年でドイツの森が全滅すると予測するウルリッヒ教授の話を掲載した。ドイツの国土の三分の一は森であり、ドイツ人の心のよりどころであり、この報道は衝撃をあたえるのに十分であった。ドイツ農林省は、この年より酸性雨に関するデーターを取りはじめた。この時期ドイツではパーシングミサイル（中距離用）の配備を巡り揺れていた。当時緑の党が連邦議会に進出しており、反核運動がこの緑の党と結びつくことを政権

党SPD/FDPは恐れた。その恐れから、政府は森の死を防ぐ対策に力をいれ、緑の党の主張を取り込んだ。まずは、大型焼却炉規制を承認、新設の火力発電所に排煙脱硫装置の取り付けを義務づけた。[25]

1985年になると「ヘルシンキ議定書」に21ヵ国が署名、93年までに80年比で30％以上の二酸化硫黄削減をめざすことになった。[26] ポーランド、英国、米国は署名を拒否した。この議定書は87年9月、16ヵ国が批准し、発効した。批准国のうち10ヵ国は95年までに50％の削減を宣言した。オーストリア、西ドイツ、オランダ、スウェーデンは60％以上の削減を公約した。

西ドイツはECの中で枠組み指令を造ることに努力した。西ドイツ型の規制を広めようとすることを狙ったのである。[27] 英国とスペインは強く抵抗し、交渉には長時間におよんだ。88年6月になり、英国は2003年までに60％の削減をするということに合意した。ECの指令は全加盟国を拘束するので条約により実施するより効果的である。条約なら、署名するか否か、批准するか否かの自由がある。条約違反がただちに制裁に結びつくわけではない。ECという超国家的な枠組みの下で、二酸化硫黄ガスの国別枠組みを設定する作業は南北格差や個別の政治経済条件を吸収して、多数国間の合意を取り付けるという点で後の地球温暖化防止条約のモデルとなった。

(2) 米国とカナダ

ニューヨーク州のアデロンダック自然公園に原生林が広がる。海抜1,600メートルのところもある。そこにある湖には昆虫、魚がいない。[28] 1960年ごろから魚が消えはじめた。公園の森林の40％が被害をうけている。ニューヨークの自由の女神もぼろぼろになった。米国北東部を中心に大陸の東半分に酸性雨が広がっている。二酸化硫黄と自動車からの二酸化チッソにより酸性化がすすんでいる。

カナダのオンタリオ州、ケベック州の湖で魚が減り、ノバスコシアの川へ溯るサケが減った。[29] メープルシロップの生産に影響している。

1970年代、米国の公害反対運動により、五大湖周辺の工業地帯は煙突を高くし、150メートル以上のものになった。結果、カナダに汚染を拡大した。

カナダは、米国に排煙規制を強化するよう米国にせまる。1982年カナダは、米国に8年間で両国がともに排出を半減することを提案した。米国は、年間50～80億ドルかかるとの理由で拒否した。[30] 1984年カナダは米国に抗議したが、米国は電力料金の値上げを嫌う電力会社の抵抗で動かなかった。1985年、カナダは繰り返し対策を米国に求めたのでついに両国は「酸性雨の原因を究明する合同委員会」の設置に合意することができた。1986年、レーガン大統領ははじめて、越境汚染の事実を認めた。石炭からの汚染を減らすため25億ドルの支出を約した。[31] しかし、その約束は守られなかった。

1988年、カナダのオンタリオ州は米国EPAの責任を追及した。米国の会社がカナダを汚染しているのを放置していると主張したのである。1989年ブッシュ大統領は、カナダを公式訪問し、マルルーニ首相と酸性雨交渉の開始を合意した。[32] 1991年3月、再びカナダを訪問したブッシュ大統領は、「酸性雨に関する合意」に署名した。[33] 1994年までに1980年のレベルにまでにするという合意であった。しかし、条約には、履行とモニタリングの条項がないものであった。アリゾナ州、ニューメキシコ州は、メキシコから来る精練所の汚染物に対し抗議している。[34]

1994年に成立した北米自由貿易協定（NAFTA）と同時に環境協定を結び、環境が参加国間で優先的に考慮されるべきことを定めた。[35]

むすび

日本の硫黄酸化物については1975年～89年のあいだに6分の1に減った。排煙脱硫装置の普及により削減が可能となった。問題はチッソ酸化物である。硝酸イオン（雨水）の割合が増えているのである。東京、横浜、大阪の三地域ではとくにひどい。1974年～1991年間の29回の調査では、チッソ酸化物は年々ひどくなる傾向にある。[36] 都内23区では環境基準を満たしているところはない。自動車の排出量が増えているからである。都内で排出されるチッソ酸化物のなかで自動車排気ガスの占める割合は67%という。[37] デイーゼル車のそれは、ガソリン車の10～30倍といわれる。デイーゼル車が増えつづけている。日本全体の4輪車の保有台数は2002年には7,399万台になった。[38]

酸性雨の被害に国境はなく広域におよんでいる。原因ははっきりしている。化石燃料を燃やしているからである。石炭、石油による発電、自動車の排気ガスにより、大量の二酸化硫黄、二酸化チッソが排出されているのである。

　原発や電気自動車に切り替えればよいと主張する説がある。原発を稼働するには、ウラン鉱を採取し、運び、精練し、発電所を建設、原子炉を製造、配線をしなければなれない。また、死の灰を閉じこめ管理しなくてはならない。これらの作業すべてに、石油のエネルギーを使用する。電気自動車は走るときNOXを出さないが、作るとき、廃棄物として処理するとき石油エネルギーを大量に使う。

　酸性雨は海洋油濁とともに国際協力が早くから始まった分野である。温暖化防止対策のモデルを提供している。東アジア10カ国により東アジア酸性雨モニタリング・ネットワークを作り、2001年から本格稼動している。このネットワークは酸性雨の共同観測（モニタリング）と研究を中心としている。[39]

（注）
1) 谷山鉄朗「恐るべき酸性雨」p.15、合同出版、1993年
2) 神岡浪子「日本の公害史」p.19、世界書院、1987年
3) 同上、p.28
4) 谷山鉄郎、同上、p.36
5) 同上、p.48
6) 同上、p.49
7) 石弘之「酸性雨」p.193～194、岩波新書、1992年
8) 同上、p.202
9) 谷山鉄郎、同上、p.121
10) 同上、p.68
11) 石弘之、同上、p.33
12) 同上、p.6
13) 同上、p.105
14) 同上、p.22
15) 同上、p.45
16) 同上、p.144
17) 朝日新聞朝刊、2000年6月23日
18) 石弘之、同上、p.207
19) 同上、p.208
20) 米本昌平「地球環境問題とは何か」p.200、岩波新書、1994年

21) 同上
22) 同上、p.201
23) 同上
24) 同上、p.204
25) 同上、p.205
26) 同上、p.206
27) 同上、p.207
28) 石弘之、同上、p.121
29) 同上、p.137
30) 同上、p.139
31) 同上、p.140
32) 同上、p.141
33) J. Switzer, "Environmental Politics", p.261, St. Martins Press,, 1994
34) 同上
35) Daniel C. Esty, "Economic Integration and Environmental Protection," p.135, The Global Environment, 2nd ed. CQ Press, 2005
36) 石弘之、同上、p.230
37) 同上、p.231
38) 総務省統計局「世界の統計2005」p. 205、2005年
39) www.adorc.gr.jp, 2006年2月3日

参考文献
・川名英之「地球環境破局」紀国屋書店、1996年
・環境庁地球環境部「酸性雨」中央法規、1997年
・広瀬弘忠「酸性化する地球」NHKブックス、1992年

第12章　オゾン層破壊

1．オゾン層の消失発見

　地球はオゾン層に包まれている。地上20km～50kmの高度の中にオゾンが存在、宇宙から飛んでくる紫外線を吸収、地表に届く紫外線は半分に減る。このオゾン層に穴が開き、紫外線が直接地表に届くようになった。オゾン層1％が破壊されると、紫外線量は2％増加、ガン患者は5％～7％増加する。1980年代から9月～10月になると、南極の上空のオゾン層に大きな穴が観測され、ますます大きくなることがわかった。1985年、英国のフォーマン・ガーディは「南極オゾンの大規模消失」をNature誌で発表、NASAがこれを確認した。[1] フォーマンは、フロンガスがオゾン層を破壊することを断定した。

2．原因の解明

　フロンによるオゾンの破壊は紫外線によりフロンの塩素原子が遊離し、この塩素がオゾンと結びついてオゾンを破壊する。オゾンを破壊するフロンは炭化フッソのほかに塩素を含むフロンである。CFC（クロロフォルオロカーボン）は1928年、GMにより開発され、デュポン社が生産してきた。[2] 化学的に安定し、不燃性、無毒、有機質をよく溶かす特性があり、冷蔵庫、エアコンの冷媒、半導体の洗浄剤などに利用されてきた。
　古い冷蔵庫から排出された化学的に安定したフロンは、分解されることなく大気中を漂い、やがて成層圏に達する。そこでオゾン層を破壊するのである。

3．国際的規制へ

　1977年、UNEPがフロンガス規制を提案した。1982年1月、規制のため枠組み条約を作る交渉がはじまった。3年で8回の交渉会議を経て、1985年ウィーンで「一般的な義務条約」を採択した。オゾン層破壊可能性のあるフロ

ンについて適切な措置をとること、研究、観察、情報交換を規定した。

　このウィーン条約をもとに、具体的な規制を目的とする議定書の交渉が1986年12月に始まった。9ヵ月後、モントリオールで議定書を採択した。[3] 交渉過程で科学的情報がどんどん入ってきた。また1985年のNature誌の論文が説得力をもった。こうして、モントリオールで8つのフロン規制についての合意ができた。

　この合意は、被害が出る前に措置を取らんとする最初の環境条約であった。[4]

CFC　5種類	グループⅡ
CFC-11	ハロン1211
CFC-12	ハロン1301
CFC-113	
CFC-114	ハロン2402
CFC-115	

　各国の生産量、消費量を (1) 20％削減、(2) 50％削減、(3) 凍結と段階的にへらす。グループⅡにつては、6年目より凍結、途上国については、生産量につき特例を認める（第2条）。

　議定書に加入していない国にたいし (1) 非締約国からの規制物質輸入禁止 (2) エアゾル、冷蔵庫など規制物質を含む製品の輸入禁止、(3) 非締約国への規制物質の生産利用のための技術の輸出禁止（第3条）。

　モントリオール議定書は予定どおり発効した。1989年であった。1年以内に締約国会議を開くことが規定されていた。その後も、毎年締約国会議を開催することを規定している。実行委員会を設け、条約の規制を強化していくことが予定されていた。第1回締約国会議はヘルシンキで1989年開かれ、そこではフロン、ハロンの全廃を宣言した。[5] オゾン層の減少が著しく進行していたからである。1989年以降毎年締約国会議が開かれ、5回にわたり議定

書を改正し規制強化を行なってきた。[6] 2002年12月現在、モントリオール議定書は、184ヵ国とECが加入している。

4．条約交渉の主体

　条約交渉の主体を見よう。トロント・グループ、ECグループ、途上国、UNEP事務局、利害関係団体があった。従来の西洋、ソ連、途上国という3つのブロックの分け方ではなかった。[7] 問題は、フロンの消費、生産国の西洋諸国内部の対立だけであった。インド、中国は第二回議定書締約国会議で批准を表明した。東ヨーロッパは途上国として援助を要求した。米国は徐々に冷淡になっていく。地球温暖化防止条約の交渉がはじまり、米国は援助額が増大することを恐れだしたのである。

　UNEP事務局は積極的に動いた。トルバ事務局長は交渉が行きづまると出てきて、調整を行なったのである。[8] これがUNEPのもとでの地球環境条約での基本的スタイルとなった。トルバ事務局長の個人的資質、能力、忍耐力が多大であった。

　トロントグループは、トロントに集まるのでこの名がついた。米、カナダ、スェーデン、ノルウェイ、フィンランド、オーストラリア、ニュージーランド、スイスが参加。[9] 中国、日本、ソ連、ECはゆるくむすびつく。トロントグループは急速な規制を主張、ECは緩やかな規制をかかげた。

　実力国の米国は、第二回交渉までは反発していたが、急に態度が変わり、1983年からいちばん熱心な国となった。[10]

　ECの加盟国は1989年まで足並みがそろわなかったが、ローマ条約に縛られ、「共通政策」を求めざるをえず、単一国として交渉することが要求された。[11]

　途上国はほとんど関心が薄く、モントリオール議定書が結ばれてからやっと、関心を高めた。[12] 目的達成のため途上国の協力が不可欠とわかると、途上国は先進工業国に資金援助を強く要求した。

5．日本の対応

日本は、ウィーン条約、モントリオール議定書に1988年8月加入した。同年、「特定物質の規制等によるオゾン層の保護に関する法律」を制定し、フロンの規制に乗り出した。1995年までに特定フロン10種、1,1,1-トリクロロエタン、四塩化炭素が全廃された。しかし、現在市場にでているフロンの回収、破壊には何ら規制がなかった。そこで、2001年にフロン回収破壊法を制定し、適正な回収破壊を義務づけた。[13]

(注)
1) 川名栄之「環境問題」p.262-263、日本専門図書出版、2000年
2) 同上、p.257
3) 同上、p.267
4) Patrik Szell, "Negociations on the ozone layer," p.34 Gunnar Sjostedt (ed), "International Environmental Negociation," Sage Publications, 1993
5) 川名栄之、同上、p.273
6) 西井正弘編「地球環境条約」p.173、有斐閣、2005年
7) Patrik, 同上、p.36
8) 同上、p.38
9) 同上、p.36
10) 同上
11) 同上、p.37
12) 同上、p.38
13) 西井正弘、同上、p.180

参考文献
・Richard Elliot Benedick, "Ozone Diplomacy," Westview Press, Green Planet Blues, 1995 Ken Conca, Michael Alberry (ed)
・地球環境条約集第4版、中央法規、2003年
・西岡秀三（編）「地球環境破壊とは？」東京教育情報センター、1997年

第13章　地球温暖化

　1997年12月1日、京都国際会議場で第3回地球温暖化防止条約締約国会議（COP3）が開幕した。会議は閉会日の10日になっても終わらず、11日の午後2時やっと京都議定書を採択し終了。最後の2日間は多くの参加者は不眠でホテルにも帰れず、体力の限界にきていた。京都議定書により先進国は、2008年～2012年の間に温室ガスの排出を1990年レベルより5％以上減らすことに合意した。EC8％、米国7％、日本6％の削減義務が決まった。京都国際会議場は連日、NGO、ジャーナリスト、政府代表団の人で埋めつくされた。日本の新聞は連日この会議をトップ記事で埋めた。

1. 国際的合意への道

　1985年10月、オーストリアのフィラッハに気象学者が集まる「気候変動」の会議を国連環境計画、ICSU、WMOが共催した。[1] 気候変動につよい関心を持つ数十人の科学者がこの会議を実質的に組織したのである。国際応用システム分析研究所がフィラッハにあり（ウィーンから20km南）ここでの開催であった。70年代にはいると、世界各地で100年ぶりの旱魃、多雨、高温、冷夏など異常気象が報告されたからである。WMO（世界気象機関）がジュネーブで第1回気候会議を開いたのが、1979年であった。

　フィラッハ会議は1週間続き、21世紀前半に海面上昇と気温上昇が起きるので、政治家に対し対策を取るよう呼び掛けた。[2] この年85年には、ウィーンでオゾン層保護のための条約が結ばれている。オゾン層対策との違いは、温暖化については、目にみえる強固な証拠がなく、科学的には不確実性が大きく、対策による経済的影響がフロン規制とくらべきわめて大きいことである。

　1990年以降、世界の最高気温は、更新されつづけ、最も暖かい年というのが、めずらしくなくなった。日本でも最近の10年暖冬の傾向がある。

　1940年～1970年半ばまでは地球の表面気温は低下傾向を示していた。1970

年代のサヘル地方、ソ連シベリアの大規模な旱魃がみられた。多くの研究者は「異常気象」は本格的な寒冷化の兆候とみなした。CIAの出した報告（1975年）は、北半球が徐々に寒冷化に向かっているとした。[3] 日本の気象庁も研究会を組織し、北半球の寒冷化を予測した。[4] しかし、1970年後半から気温は上昇に転じた。寒冷化するのか、温暖化するのか異常気象をめぐり相反する考えが併存した。こうして、1979年に第1回世界気候会議が開かれたのである。会議では、明確な結論は出なかった。もっと研究することで合意した。[5]

フィラッハ会議後、トルバUNEP事務局長はWMOとICSUにたいし、気候問題の国際条約への取り組みを呼び掛ける一方、米国のシュルツ国務長官にも手紙を書いた。[6] オゾン層保護の成功を見習って、気候変動に関してもトルバはことを進めたのである。おりしもウィーン条約が結ばれ、モントリオール議定書の交渉が始まっていた。トルバはまず、枠組み条約をつくり、具体的な規制は議定書で決めるという筋をたてた。科学的知見はUNEPとWMOが研究し提供、交渉の場に持ち込んで、議定書の改訂に生かすことを考えた。

米国の態度は消極的であった。[7] 米国のDOE（エネルギー省）はフィラッハ報告が政府のものでないことを問題とした。EPA（環境保護庁）と国務省は温暖化の科学的研究をすすめるべきと主張した。米国政府内の妥協案として、政府主導の気候変動メカニズムをつくることにした。一方フィラッハ会議に参加者した科学者は、科学者主導の組織の設立を考えていた。

1988年米国の中西部で異常旱魃、ミシシッピー川の水位が低下、報道機関は温暖化と結び付けて報道した。6月22日、上院のエネルギー委員会でNASAコダート宇宙研究所のジェームズ・ハンセン博士は、地球温暖化は99％正しいと証言した。[8] 地球化温暖化のせいで熱い夏になったという雰囲気がつくられた。

88年6月末、トロントで先進国首脳会議（G7）が開かれ、閉幕後、同じホテルで「変貌する大気――地域安全保障との関係」という会議が開かれた。カナダ政府らの主催で300人以上の気象学者、法律家、官僚、ビジネス関係

者が集まった。これに加え400人のジャーナリストが参加した。G7の取材陣がそのまま居残ったのである。ノルウェーのブルントラント首相は、「気候変動に挑戦すべき時」と開会のあいさつをした。前年ブルントラントは環境と開発に関する世界委員会の委員長として報告書を出していた。

トロント会議は「2005年までにCO_2の排出を20％減らそう」と決議した。20％削減はまず先進国がやり、途上国へは技術移転資金を出す。先進国の化石燃料に課税し基金をつくることが含まれていた。[9]

1989年3月には、オランダ、フランス、デンマーク主催の「ハーグ環境会議」が開かれ、温暖化防止のための強力な機構の整備をはかることについて合意した。[10]

同年11月オランダのノルドベイグで大気汚染、気候変動、環境大臣会議が開かれ、CO_2排出について、先進国が2000年までに横這いにすることに合意した。[11]

90年秋にはじまる温暖化防止会議条約交渉については、可能なら91年に採択、おそくとも92年のリオの地球サミットまでに採択するよう最善の努力をするとした。

2．IPCC（気候変動に関する政府間パネル）

WMOとUNEPのもとに政府間組織としてIPCC（Intergovernmental Panel on Climate Change）が生まれた。[12] 国家が指名する科学者と行政官で構成される。気候変動に関する知識を整理し、政策決定者に伝えることを任務とした。3分野で作業部会がつくられた。(1) 科学的知見と予測、(2)温暖化の減少の確実性、将来はどうなるか、(3) 環境・社会的影響。

IPCCの第1回会合は1988年11月に開かれた。2ヵ月後、マルタ提案が国連総会で採択され、IPCC、UNEP、WMOに対し、法的枠組みをつくることを検討し、勧告するよう要請した。[13] これが「人類の現世代および将来の世代のために地球気候を保護する」決議である。

IPCCは90年5月25日、ロンドン郊外のウインザー城の温室で「第1次報告書」を提出した。[14] 過去100年間に平均気温は0.3〜0.6℃上昇、海面も10〜

20cm上昇した。規制なくしては21世紀末までに3℃上昇、海面も10年あたり3〜10cm上昇する。かりに大気中の温室効果ガスの濃度を現存レベルに保とうとするなら、CO_2の排出を60％以上削減し、メタンガスを15〜20％削減する必要があるとした。[15]

この報告は政治家やマスコミの間で2100年には気温が3℃上昇、安定のため温室効果ガスの60％削減が必要という形で一人歩きを始めた。

3．温暖化防止条約の交渉とリオ会議の開催

90年秋第2回地球気候会議（UNEP、WMO）が開かれた。交渉に積極的な西欧先進諸国、消極的な米国、ロシア、産油国という対立がでてきた。この会議で小さい島からなる37の途上国は、小島諸国連合（ASIS）を結成、厳しい規制を求めた。[16] 温暖化の影響で海面が上昇すれば国が海没する恐れがある諸国である。

この後、90年秋の国連総会で総会の下に政府間交渉委員会を設置、条約の交渉がはじまった。92年6月のリオの地球サミットまでに条約を完成することをきめた。[17] 1年半しかない。交渉は92年5月9日夜、採択された。150ヵ国の参加国の代表団は総立ち、拍手がなりやまなかった。15ヵ月で条約がまとまったのは奇跡であった。どうしてもリオの環境サミットに間に合わそうという政治的意図が強く働いたといわれる。[18]

採決の瞬間サウジアラビアなど産油国は修正案を出そうと手をあげたが、議長は参加者に起立を求め、同時に盛大な拍手が起こったため、反対者の声が議長に届かなかったことにした。[19] こうして条約は全会一致で採択された。

リオの地球サミットには100ヵ国以上の首脳を含む183ヵ国の政府代表が集った。リオ宣言、アジェンダ21、森林声明を採択した。「気候変動枠組条約」「生物多様性条約」の署名もおこなわれた。155ヵ国が気候変動条約に署名した。全体会議では、温暖化問題はあまり問題にならなかった。多数を占める途上国が興味を示さなかった。貧困と南北問題を解決するための資金メカニズムに議論を集中したからである。

UNDPのウル・ハク（パキスタン）は初日の講演で途上国の環境問題を

語った。[20] 世界人口の5分の1の先進国が世界のエネルギーの70%、食料の60%を消費し、途上国では、13億人が清潔な飲み水もなく、7億5,000万人の子供が急性下痢に苦しみ、毎年400万人が死亡している。誰も温暖化やオゾン層減少で死亡してはいない。途上国の優先課題は、貧困、人口爆発、飲み水の確保、農業基盤の確保であると。

4．国連気候変動防止条約の成立

温暖化防止条約は、55ヵ国の批准が集まってから90日後に発効すると規定されている。1994年にこの条約は効力を生じた。枠組み条約をまず作り、具体的規制を後の締約国会議に委ねる方式が取られたのである。条約締約国会議を毎年1回開くと規定した。第1回締約国会議は、ベルリンで開催され、第3回会議で削減量を数字にすることで合意した。第3回締約国会議は京都で1997年12月に開催され下記について合意した。この合意は、京都議定書と呼ばれる。途上国に削減義務を課さず、先進国のみが削減義務を負う、そのかわり米国の主張するいわゆる京都メカニズム（排出量取引など）を認めた。

(1) 削減すべき温室効果ガスを6種とした。
(2) 共同実施、クリーン開発メカニズム、排出量取引を認める（京都メカニズムの承認）
(3) 吸収源（森林などのガス吸収）を計算に入れることを認める。

2008年から2012年を目標年度とし、1990年の排出レベルから先進国全体で5%のガス削減を達成することとされた。

ブッシュ政権は京都議定書に加入しない意図をあきらかにしたが、ロシアの批准により、2005年2月、京都議定書が発効した。2005年秋にモントリオールで開かれた第1回の京都議定書締約国会議では、2012年以降の対策の議論を始めた。

(注)
1）米本昌平「地球環境問題とはなにか」p.17、岩波新書、1994年
2）同上、p.18-19
3）竹内敬二「地球温暖化の政治学」p.11、朝日選書、1998年

4）同上
5）同上、p.14
6）同上、p.20
7）同上
8）米本昌平、同上、p.27
9）竹内敬二、同上、p.28
10）同上、p.29
11）同上、p.29-30
12）米本昌平、同上、p.72
13) J. Switzer, "Environmental Politics," p. 271, St. Martin's Press, 1994
14）竹内敬二、同上、p.35
15）同上、p.36
16）米本昌平、同上、p.116
17）竹内敬二、同上、p.58
18）同上、p.70
19）同上
20）同上、p.71-72

参考文献

- Jill Jager and Tim O'Riordan, "the History of Climate Change Science and Politics," Routledge, 1996.
- Elizabeth Robertson, "Legal Obligations and Uncertainties in the Climate Change Convention," Routledge, 1996.
- 竹内敬二「地球温暖化の政治学」朝日選書604、1998年
- 環境庁地球環境部「地球温暖化」読売新聞社、
- 宇沢弘文「地球温暖化を考える」岩波新書
- 佐和隆之「地球温暖化を防ぐ」岩波新書
- さがら邦夫「地球温暖化とCO_2の恐怖」藤原書店
- IPCC「地球温暖化第二次レポート」中央法規
- 環境法研究22号 「地球環境保全への法制度的展開」

第14章　熱帯雨林とNGO

1．熱帯林の減少
(1) 熱帯林の定義

赤道をはさみ北回帰線と南回帰線の間にある熱帯地方に存在する森林を熱帯林という。1993年の世界食料農業機構の資料によればその面積は、下記の表１のとおりである。（年間減少面積、年間平均減少率は1980～90年のものである。）熱帯林の総面積は17億５千万haある。このうち、とくに雨量が多い地域に特有に見られる森林で何層にも茂る常緑樹からなる森林を熱帯雨林と言う。熱帯雨林は、熱帯林の約41％を占め、７億１千万haある（1990年現在）。

表1. 世界の熱帯林　1990年現在

	面積（100万ha）	年間減少面積（10万ha）	年平均減少率
アフリカ	528（30％）	410	0.7％
アジア／太平洋	311（18％）	390	1.2％
中、南アメリカ	918（52％）	740	0.8％
計	1756（100％）	1540	0.8％

(2) 熱帯林の減少傾向

1980年から1990年に熱帯林は１億５千400万ha減少した。[1] これは日本の国土面積の４倍にあたる。この消失が毎年続けば21世紀中にほとんど熱帯林がなくなると予想される。最近では東南アジアと中南米の減少がとくに高いと指摘されている。

a．アマゾン地域

ブラジルのサオホセドキャンポスの空中観測所の98年１月26日付けの発表によればアマゾンの森林面積は５億１千ha（ブラジル国土の60％）あり、

過去3年間（94年〜96年）に472万ha喪失した。[2] これをブラジル環境省グスタウ・クラウゼ大臣は、恐るべき喪失と表現した。ランドサットによる観測によれば、95年は290万haも喪失し、78〜88年の喪失面積が合計211万haであったことと比べても、95年度の喪失の大きさが問題とされる。アマゾンでは5,170万haが過去50年に喪失したことになるという。

最近の傾向としてはアジアの木材会社の進出により、アマゾンからの熱帯材の輸出が増えている。永代（三菱グループ）、WTK、リンブナン・ビジャウ社が進出し、ブラジルの熱帯材の輸出が総輸出の2％から8％に増えたという。[3]

熱帯林を焼きその後でそこに肉牛を放牧することが64〜85年に進んだ。この放牧により熱帯林より自然物の採取ができなくなり、先住民や古くから住む農民はこういった熱帯林の牧場化に反対し持続的な森林利用を守る運動を展開してきた。[4] 1988年12月、この運動の指導者チコ・メンデスが暗殺された。この衝撃的事件は、ヨーロッパ、アメリカで広く報道された。そのためブラジル政府は諸環境NGOから対外的圧力を受け、アマゾンの開発政策を再考するように促されることになった。[5] すなわち米国とヨーロッパの環境保護団体は、手紙、陳情などにより、政治家、金融当局、世界銀行、アメリカ開発銀行、EC、自国政府に、ブラジルの開発計画に資金を供給しないよう運動した。この圧力はブラジル政府とくに軍部を怒らせた。

b. サラワク

日本は世界最大の熱帯木材輸入国であり、世界熱帯材貿易の30％を占める。[6] アジア・太平洋地域の熱帯材貿易に限定すれば、その過半を日本が輸入している。1960年ごろまずフィリピン、インドネシアから日本への熱帯材の輸出が始まった。この両国での伐採が難しくなると、日本の熱帯材の輸入先は1980年代にはマレーシアに移り、さらに、パプアニューギニア、ソロモン諸島、インドシナ半島へと転じた。

1980年代になりマレーシアのサバ州、サラワク州で大規模な森林伐採が始まった。1974年にフィリピンが森林の枯渇のため原木の輸出を禁止したの

で、サバ州からの南洋材の切り出しが始まった。しかし、ここも伐り尽くされた。[7] サラワクの森は1日に、479haずつ伐られている。[8] その半分を日本が買い付けている。国際熱帯木材機関の調査団レポート（1991年5月）はサラワクの森林が11年で枯渇すると指摘し、現行の30％の伐採削減を勧告した。[9] さらにレポートは急傾斜地での伐採、水源地帯、住民の生活基本条件を破壊しながらの伐採などの問題点を指摘した。1989年、日本の輸入熱帯材のうち90％がサラワク、サバからのものであった。サラワク州の産出分の半分、サバ州産出の70％が日本に輸出されたことになる。サラワク州は、1963年、英国植民地からマレーシア連邦に加入した。面積12.3万km²、人口約130万人は海岸や河川沿いに住む。年間雨量は、2,000〜4,000mmで4〜9月が乾期である。年平均気温は30℃である。脊梁山脈の上を赤道が通る。豊穣な森に覆われている。

　サラワク州では日本商社の木材買い付けにより、森林の激しい破壊が進み、森林を住みかとする先住民の人々が生活基盤を奪われ窮地においこまれた。先住民は、森林から動物・果実を、川から飲み水や魚を得て生活してきたのである。森を切り開き、火を付けて焼き主食の陸稲を作ってきた。森林の伐採により、栄養失調や病気に悩やまされるようになった。

　c. 先住民の反対運動
　サラワク州ウマバワン（人口350人、50世帯が生活）は、1960年代まで貨幣経済の外にいた。ところが伐採会社が来た時から事態は急転した。住民側は伐採の正当な補償を会社に求めた。会社は村長一人を買収し、先住民より伐採合意を得たとして伐採を始めた。村の住民の多数派は伐採に反対し、道路封鎖を決行した。村民相互の信頼が壊され、村に対立が生まれた。封鎖から7ヵ月後、道路封鎖をした42名の村民は逮捕された。しかし、起訴されず釈放された。サラワク州の憲法は、慣習法による先住民の権利を保障していると指摘されている。慣習法の適用される土地の場合、村長一人が土地の譲渡の合意をしてもその村の慣習法的な土地の権利譲渡とは認められない。したがって村長を買収して文書を交わしても、法律的には意味がないとされた

のである。[10]

　州政府発行の伐採許可証には、伐採道路の工事方法、川からの距離、伐採の方法など丁寧に環境保全の条件が明記されている。しかし、それはまったく守られていないと報告されている。[11]　森林警察の現場監督にも、賄賂が横行する。伐採量は過小申告となる。伐採禁止の種類の木も伐られてしまうというITTO（国際熱帯木材機関）の視察団の指摘がある。

　伐採反対運動は1970年代のなかごろ、伐採が始まったころにさかのぼる。初めは、反対住民が抗議の手紙により、会社の補償を求めたが無視された。そこでアボ川流域では5,000人の先住民が伐採キャンプに押し寄せた。こうしてサラワク州では反対運動と逮捕、そして裁判が頻発している。

　クチン市の先住民出身の弁護士バル・ビアンは、1990年11月、横浜のITTO理事会にサラワクの不正義を訴えるため来日した。彼は伐採量の若干の削減を提言したITTOのサラワク現地報告書を批判した。ビアン弁護士によれば、州法により先住民の保護が明文化されており、伐採許可は州の法律の精神に反すると主張した。[12]

　ウマバワンに住む先住民のリーダーの一人、ジャク・ジャワ・イボンは、日本にきてサラワクの現状を語った。サラワク・キャンペーン委員会、熱帯林行動ネットワークの招きによるものであった。新聞社、テレビが取材し、サラワクの現状を広く日本に報道した。[13]　ジャクは、村と町を行き来し、伐採の反対運動を指導してきた。村では新しい農業を模索し、世界へはサラワクの破壊を訴えてきた。

　サラワクでは商社だけでなく、日本政府の開発援助が道路建設に使用され、官民一体となった伐採体制が問題とされた。

2．熱帯林を保護する運動
(1) 日本のNGO
a．熱帯林行動ネットワーク（JATAN）

　黒田洋一氏は生活クラブ生協で6年働き、農薬、合成洗剤の問題に取り組んだ。85年マレーシアでの国際消費者機構消費者リーダー会議に出席、そこ

で熱帯林の破壊を知った。会議では日本に非難が集中したという。帰国後、黒田は「熱帯林行動ネットワーク」を結成し取り組みを始めた。黒田はその事務局長となった。

　1987年1月に発足した熱帯林行動ネットワーク（以下JATAN, Japanese Tropical Forest Action Network）はマレーシアのサラワク州で、プナン族による伐採反対の道路封鎖などの運動に協力することから始めた。日本は当時この地区から最大の木材を輸入する国であった。JATANはサラワク州リンバンでの森林伐採、住民の道路封鎖を調査し、次のことを明らかにした。JICAの伊藤忠商事に対する融資による森林伐採のための道路建設（26.6km）の問題を明らかにした。1987年先住民プナン族は、7ヵ月にわたりこの道路を封鎖した。プナン族は何千年も住んで来た森という生活基盤を破壊されるのを恐れたからである。当局はプナン族のリーダーを逮捕した。89年9月プナン族は、ふたたび4,000人でこの道路を封鎖した。その3週間後、117人が逮捕された。[14]

　JATANはこの道路封鎖の様子を映したフィルムを各地で上映する一方、サラワク州政府、マレーシア首相に伐採停止の請願をおこなった。また伊藤忠、日商岩井の前でデモを展開し、89年4月には、丸紅に熱帯雨林大賞を贈呈した。

　JATANはまた日本の熱帯材の輸入削減をめざす運動を展開した。関係官庁、輸入商社と話し合いをもった。さらにデモなどにより抗議した。地方自治体に働き掛けることにより公共工事でのコンパネ使用削減を要請した。また建設会社に働きかけ、コンパネ使用削減を求めている。コンパネとは熱帯材を薄く切り何枚も張り合わしたベニヤ板のことである。

　JATANの活動は次のとおりである。
- 国際熱帯林シンポジウムの開催、ITTO理事会に見学参加者を送る。
- サラワク・キャンペーン委員会の設立、世界銀行による環境破壊の実態を調査。
- 定期刊行物季刊「JATAN NEWS」の発行、書籍発行。
- 91年、JATANはチリの原生林を買い入れ製紙原料のユーカリを植えよ

うとした丸紅と対決し、中止させた。[15]

チリの現地にJATANは行き、住民にユーカリの植林のもたらす生態系破壊を訴えた。

JATANの組織と予算を見よう。事務局には5人の専従と2名の臨時職員がいる。年間予算は2,100万円（93年）であり、会員は約800人である。年会費は5,000円である。

91年、JATANの黒田事務局長は、ゴールドマン環境賞を受けた。

1990年アンヤ・ライト（オーストラリア人）は、JATANの会員とともに日本を回り、みずからのサラワク滞在の経験を語り熱帯林の保護を訴えた。2ヵ月間に50回以上の講演を行なった。

JATANは88年10月31日「プナン国際支援デー」に東京数寄屋橋でデモを呼び掛けた。参加者は40人であった。1989年に来日したスティング、1990年来日のポール・マッカトニーから「地球を守ろう」「熱帯雨林を破壊するな」のメッセージを受ける応援を得た。[16]

松井やよりによれば、1984年秋、スイス人ブルノーがサラワク州プナンの地に入った。ブルノーは先住民の窮状を知り伐採反対闘争を支援した。そのためマレーシアの警察からにらまれ、6年近くジャングルに潜む。ブルノーは90年春サラワクを脱出、スイスに戻る。JATANはこのブルノーを日本に招いた。1990年6月来日したブルノーは東京の丸紅本社前でハンストをする。そこでオーストラリア人歌手アンヤ・ライトと「最後の木」を演じた。日本に来てサラワクのプナン族の苦悩を訴えたのである。またJATANはサラワクから先住民を日本に招き、窮状を直接訴える機会を設けた。

b. サラワク・キャンペーン委員会

サラワク・キャンペーン委員会（SCC, Sarawak Campaign Committee）は、サラワクの森林破壊と先住民の人権侵害に対する日本の責任を問うため、1990年8月に結成された。サラワクの先住民の権利の保障と環境保護の観点から持続可能な森林経営を求めサラワク材の緊急輸入停止、熱帯材の使用削減を目標としている。[17]

自治体キャンペーンでは、熱帯林行動ネットワーク（JATAN）が東京近郊の自治体および建設関係、サラワク・キャンペーン委員会（SCC）が各地方の熱帯林グループの支援、一般広報を受けもつ。

98年、SCCはサラワクの先住民裁判支援の資金を集めている。97年7月アブラヤシ・プランテーション造成に反対する先住民42人が逮捕された。また、12月19日ミリ省バコン地区の先祖伝来の土地に、エンプレサSDN Bhd（企業）が、アブラヤシ栽培のために造成を始めたことに対し、先住民がバリケードで阻止しようとしたところ、警官隊と衝突した。警察隊が発砲し先住民一人が死亡した。この事件で逮捕された先住民は、警察や会社を相手に訴訟を起こそうとしている。そのための資金をサラワク・キャンペーン委員会は集めている。

SCCは1997年5月31日、6月1日、熱帯林保全のための全国市民会議を東京で開いた。パプアの会（下記に記載）と共催した。そこでは自治体に対するキャンペーンをめぐる問題が討議された。自治体に対する熱帯材使用削減の訴えを90年から始めたが、現在のところ190ほどの自治体が熱帯林使用削減対策を打ちだした。

SCCの97年の予算は、300万円（会費収入150万円）である。目白のビルの一室に非常勤の1人の担当者がいる。

c. 熱帯林京都

各地方には、地方単位の熱帯林保護のための運動体が生まれていく。1990年ごろから京都では、熱帯林京都が活動を始めた。会費2,000円、年間予算10万円という。年4回の機関誌を発刊している。木造建築物の再利用の運動をすすめる。事務所は、JEE（日本環境保護交流会）の事務所を間借りしている。京都市に対し、熱帯材の使用を控えるように働き掛けた。市は、市の建築にかかわる工事で、熱帯材の使用をしない方針を1992年にまとめた。問題は熱帯林不使用方針の執行体制にあると言われる。すなわち市の方針を外部的、内部的に監視する機構がないのである。熱帯林京都はサラワク・キャンペーンに参加している。

d. ウータン・森と生活を考える会

　ウータン・森と生活を考える会（大阪）には97年中、3,000円の年会費を払った123人の会員がおり、100万円の予算により活動している。「ウータン森の通信」を発行、定例会を月2回開く。講座活動、家具問題、自治体に熱帯材使用を抑制させる活動、森林開発の反対運動、地球温暖化、プランテーション問題に取り組む。アブラヤシのプランテーションがインドネシア、マレーシアに広がる状況を憂慮している。

　97年11月6日、ウータンは、大阪府、門真市と熱帯材について協議した。関西熱帯林木材削減委員会（1995年10月8日設立）の会合に月2回参加してきた。

　地球温暖化防止京都会議では、気候フォーラム（京都会議に対応すべく設立された日本のNGOの連合体）に参加、また森林問題と気候変動に関するシンポジウムを開く（12月7日）。97年12月10日には「気候変動と森林問題に関する声明」を発表（他16団体と共催した）。

　97年には関西セミナーハウス主催のサラワクの学習旅行（26人参加）に、会員を参加させた。ルマ・レンガンの先住民のロングハウスで5日間暮らすという旅行であった。ウータンはこれまで国内の熱帯材削減のための活動が主であったとしている（ウータン、46号）。98年度は海外活動も強化する。またウータンの財政を改善するために、あらたな賛助会員や寄付を募り、会員を確保し、また商品を開発、販売を拡大、ウータンの宣伝を強めるとしている。

　サラワクキャンペーン（SCC）に連動して、ウータンは、サラワクで97年12月17日逮捕されたイバン族の公正な扱いについて、サラワク州知事、マレーシア警察、東京にあるマレーシ大使館に手紙、ファクスを送る運動を展開している。次頁のような文書をサラワク州知事やマレーシア警察に送付する運動をしている。

> 閣下
> 地球市民の一人としてお手紙を差し上げます。
> 私はEnyang ak Gendungさんが97年の12月19日に警官隊の銃撃による傷がもとで死去したとの知らせに悲しみを感じ、強く残念に思います。
> そしてまた、Indit ak Umaさん、Siba ak Sentuさんもともに銃撃により傷を負い、その際他の人々にも虐待が行われたという報告を聞きました。
> どうかこれらの件に関して速やかに公正な調査を行われるよう、そしてその結果を公表し、関与していた者を裁判にかけられますよう、謹んでお願い申しあげます。
> どうか、先住民族の土地や森林に対する権利侵害に関する十分な調査と対策を早急にとるようにしてください。自分達の土地が開発されることによる平穏な抗議行動に参加しているIban peoples（イバン族の人々）が、恣意的に逮捕されたり虐待される恐れなしに抗議行動を行うことができるよう、そのことを保障されますようお願い致します。　　　　　　　　　　敬具

　　e. 熱帯林保護法律家リーグ

　熱帯林保護法律家リーグは、1991年4月弁護士を中心につくられた。サラワク州、フィリピンのルソン島、パプアニューギニア、タイで現地調査を行ない、シンポジウム「熱帯林破壊と先住民の人権」を91年3月開催、世銀主催「世銀の森林新政策につてのNGOの意見を聞く会」に参加、ITTO理事会に働きかけた。リオの環境サミットに対する政府報告書に意見書を提出、市民レポートの作成、アジアNGOフォーラムの開催に関わった。

　製紙会社、日本輸出入銀行、海外経済協力基金への要請、サラワク法、パプアニューギニア法の研究、熱帯林保全条例の研究などを行ってきた。

　熱帯林保護法律家リーグはJICA、海外経済協力基金に熱帯林を破壊するような融資をしないように申し入れている。

　　f. パプアニューギニアとソロモン諸島の森を守る会

　この会は1993年夏に結成された。200人の会員を擁する。パプアニューギニアやソロモン諸島の熱帯林の貴重な存在を訴える。運動方法はまず学習会、

集会、資料集、絵葉書の作成などである。第二に伐採企業や熱帯材を扱う商社、合板メーカーと継続的に交渉を行っている。95年の日本のパプアニューギニアからの丸太材輸入は、パプアニューギニアの全輸出材の60％を占めている。(92年9月マレーシアのサバ州が丸太の輸出禁止、サラワク州が輸出規制を始めたため、日本の商社はパプアニューギニアへ購入先を転じたのである)。さらに会員自ら国産材の使用に努める。第三にパプアニューギニアやソロモン諸島への旅行を組織し、現地のNGOとの交流を進めている。

会の創始者、辻垣正彦（61才）氏は建築家で、5年前から国産材100％の住宅造りに取り組んできた。[18] 日本国内の山林と熱帯の森を守るためと信じての行動である。93年の春にパプアニューギニア、ソロモン諸島の荒廃した森を見てから、上記の運動団体を組織したのである。辻垣氏の建築事務所が守る会の連絡場所となっている。

会員の一人清水靖子（ベリス・メルセス宣教修道女会）は、『日本が消したパプアニューギニアの森』(1994年)を著し、パプアニューギニアの森林破壊を告発している。現地の弁護士バーネットの活躍を伝え、日本にも招いた。バーネット氏は、木材輸出にかかわるパプアニューギニア政府高官、政治家、企業の汚職構造をも問題にした。[19]

97年後半からパプアニューギニアは旱魃と霜害のため70万人（総人口の6分の1）が飢餓に直面している。各地で川と泉が干上がる。住民は汚れた水を飲むため皮膚病、赤痢、ペストにかかる。特に日本の製紙会社（王子製紙）の皆伐したゴゴール渓谷では、極端な水不足に陥り、タロイモが壊滅した。守る会では現地のカリタス・パプア（パプアニューギニア・カトリック正義と平和と発展協議会）を通じての資金援助を始めた。パプアニューギニアとソロモン諸島の森を守る会は他の4団体と共同して日本で募金を集める運動をしている。毎日新聞に働きかけ募金を記事にしてもらい、広報に努めている。[20] こうして97年12月から98年2月の間に、900万円を集めた。

パプアニューギニアNGO連合は、93年5月20日のザ・タイムズ・オヴ・パプアニューギニア紙に全面広告を出し伐採を非難した。森林伐採によっては雇用と経済発展はもたらされず、森林労働者は食べるのが精一杯の最低賃

金しか支払われない。伐採業は森を消滅させる仕事であり、将来の仕事を奪うものであると指摘されている。[21] 同NGO連合は、調査やデモを組織し、政府、企業への訴える運動をしてきた。参加団体は法律家、環境団体、人権団体、キリスト教団体等50を数える。[22]

(2) 海外のNGO
a. SIPA（サラワク先住民連合）

1990年10月、3人のサラワク先住民代表者はオーストラリア、米国、ヨーロッパ、日本を回り、国会議員、閣僚、政府機関、マスコミなどを訪問、問題の解決を訴えた。この訴えに対しゴア上院議員（当時）は、90年10月19日、上院に決議案を提出した。サラワク先住民連合は先住民により組織されたNGOであり、資金は国際的寄付金に依存していた。上記3人の1人がムータン・ウルドであり、サラワク住民連合を指導してきた。この連合は伐採により脅かされる民族の窮状を訴え平和的封鎖行動を支援してきた。食料供給、運搬、弁護士派遣、伐採反対運動を支援したのである。プナン族やダヤクの慣習的土地保有権を承認するよう政府に働きかけた。[23]

しかし、1992年2月警察が介入し、SIPAの事務所を閉鎖、書類の押収、代表者ムータン・ウルドを逮捕した。釈放されたムータンはカナダに亡命した。

b. ブルーノ・マンサーの訴え

ブルーノ・マンサーは、1954年スイスのバーゼル生まれで、アルプスの山中で牧畜にたずさわったこともある。ブルーノは1984年、自然と共にある生活を求め、ボルネオの狩猟民族プナン族のもとに住み始めた。しかし、プナン族の住む森に伐採業者が入り破壊が始まると、プナン人の生き方と森を守るためにサラワクから出て森林破壊を国際世論に訴える道を選ばざるを得なくなった。1990年にマンサーはサラワクをでてから何百回と講演会、各国政府、国際機関、木材関連企業などに対し、要請、デモ、ハンストなどの行動を取った。ブルーノ・マンサー財団（バーゼル）を作りサラワクの森を初め

とする原生林の保護、原生林からの熱帯材の使用禁止を目標に活動している。また、1992年『熱帯雨林からの声』を出版した。各国語に翻訳されている。日本にも来て、各地で講演会を開催し、丸紅本社ビル前でハンストを行った。

c. プロ・レーゲンバルド（Pro Regenwald、ドイツ）

ミュンヘンに本部を置くプロレーゲンバルドは、1988年ジャパンキャンペーンを展開した。日本が最大の熱帯材の輸入国であり、丸紅、三菱などの商社にたいする抗議をこの年に重点的に行うものであった。これには、30以上の環境団体が参加した。[24] 抗議の手紙作戦と商品ボイコットをその手段とした。第一は、ウィーン、ベルン、ボンの日本大使館に抗議の手紙を書き、日本政府に熱帯林の破壊を止めるよう要求するものであった。とくに悪名高い日本の企業名を挙げることとした。第二は、丸紅本社、丸紅の系列関係にある日産の代理店、キャノンの営業所に抗議の手紙を送付し、熱帯林破壊から手を引くことを求めた。三菱の小売り店、代理店に抗議の手紙を出し、ドイツの消費者が三菱グループの熱帯林破壊を知っていて、そのために三菱の自動車を買わないことを通告するというものであった。日本キャンペーンは、日本の企業に熱帯林破壊を止めること、日本政府に開発援助（ODA）が熱帯林の住民の生活基盤破壊につながらないよう求め、日本の熱帯材の消費を減らすことを求めるものであった。プロ・レーゲンバルドなど13の団体は、コール首相に、G7のロンドンサミットでサラワクの熱帯林破壊を取り上げるよう求めた。ペナン族による道路封鎖などの反対運動が緊迫した状況になってきたからである。ボンの首相府、ミュンヘンの日本領事館、デュッセルドルフの市役所前にデモ隊が出てサラワクの人々への支援を表明した。

1990年世界熱帯林週間（10月21日〜28日）の機会をもうけ、40ヵ国の団体がこれに参加した。

1991年の夏、全世界から集まった8人の運動家がサラワクでの熱帯材の積み出しを妨害した。ドイツからは、ロビンフッドの会員がこれに参加した。

d. シェラクラブ

　シェラクラブは一つの事業として熱帯林キャンペーンを展開している。[25]世界銀行や地域銀行の融資による森林破壊についての情報を広め、融資が森林の破壊を招かないように運動している。熱帯林と先住民を守るため世界銀行等作成の「熱帯林行動計画*」の内容の改善をめざしている。各国の議会に働きかけ、輸入熱帯材の産地と樹種の明記を義務づける法律を作らせる。熱帯林保全のため運動している開発途上国の環境組織や先住民の組織を支援する。世界的家族計画を支援し、熱帯林にかかる圧力を減らす。開発途上国が熱帯林にある保護地区を維持するのを支援し国立公園や保護地区を増やすのを援助する。自然保護のために開発途上国の負債を購入し（スワップ）、自然保護にそのお金を回す。地球森林条約の締結のために運動する。国際的金融機関や国内銀行に伝統的農業の研究を推進するよう進める。熱帯林を保有する政府に、非熱帯林の土地をもっと使用できるようにさせ、先住民が熱帯林から追放されないよう、また熱帯林に外部から入植させないように運動している。

　シェラクラブは、会員に次のような消費者に生まれ変わることを呼び掛けている。熱帯材のローズウッド、マホガニー、チーク、エボニーを購入しないこと、これらを仮に購入するとしても、原産国のラベルのあるものを使う。家具、建具などは、柳、松、樫、杉、竹などのものを使うこと。天然ゴムやブラジルナッツを買い熱帯林の持続的利用を助けよう。非合法に採取された動植物を買わないようにしよう。非合法な動植物取引が熱帯の動植物の絶滅につながるからである。エコツーリズムに参加しよう。熱帯地方の公園や保護区へ旅行し、旅行支出が先住民や環境保護団体を潤すようにしよう。シェラクラブの旅行部が外国へのエコツーリズムを企画しているので、会員は参加を申し込むことができる。

　シェラクラブに入り外国の保護団体に連絡を取り支援しよう。環境保護に熱心な行政官を支持すること。また、政治家、実業家、政策決定者に手紙を書き、熱帯林保護を訴えよう。

　シェラクラブはこのように熱帯林保護のための総合的対策をたて、それに

従って運動を進めている。クラブの作る熱帯林保護の本を見れば、会員は何をすべきかがたちどころにわかるようになっている。

　熱帯林の伐採問題に対してはFAOが国際組織として最初にこれを取り上げた。[26] ITTOが1986年に熱帯材条約に基づき設立されると、諸NGOはITTOに圧力をかけ、2000年までに熱帯材は、持続的に生産された森林からのみ出荷されるべきことをITTOに決議させた。さらに持続的森林管理のガイドラインと基準の採用も決議させた。しかし、これらの決議の目標は達成されなかった。リオでの国連環境開発会議では森林原則宣言、アジェンダ21の中に、森林破壊の問題を採択させた。新たに設置された国連の「持続的開発委員会」が、95年森林に関する政府間パネルを設置した。この政府間パネルは2年の任期を有した。この動きに対応してNGOは、1995年「森林と持続的開発に関する世界委員会」を作り、研究と政策レベルでの働き掛けを始めた。[27]

　　＊「熱帯林行動計画」は1985年にFAO、UNDP、世界銀行、世界資源研究所（WRI）により作成された。森林管理法の改善、熱帯林保護のための基金計画を含む。しかし、この計画に対しては不十分だとする厳しい批判がある。

　e. 国際熱帯林基金（Rainforest Foundation International）
　ニューヨークに本部を置く国際熱帯林基金は熱帯林に住む先住民を援助することを目的に活動している。最初は、アマゾンの先住民パナラ族の支援であった。1975年に250マイル離れた土地に移動させられたパナラ族は、祖先の土地に帰ることを望み、本財団に支援を要請。この基金は3年間ブラジル政府に働きかけて、ついに1997年3月それを実現させた。そのおりパナラ族の11億エーカーの土地所有権をブラジル政府に承認させた。また、基金はアマゾンのクシング先住民公園（1961年設立）1万2千平方マイルの保護のため教育、監視活動を続けている。

　タイ、パプアニューギニア、マダガスカルで地元環境保護団体と協力して活動。1996年にはニューヨークとロンドン事務所に広報担当職員を配置し、

キャンペーン活動を開始した。
　このように国際熱帯林基金はキャンペーンと世界各地での事業活動を行っている。この財団への寄付金は税金の控除となる旨を強調し資金を集めている。

　　f. 地球の友
　地球の友国際事務局（アムステルダム）は、56ヵ国の組織の連合体である。各地の組織は独立して運動をすすめている。きわめて分権的構造になっている。地球の友国際事務局は、国際熱帯林プロジェクトを推進している。このプロジェクトを進めるためにアメリカの熱帯林ネットワーク、オーストラリアの熱帯林情報センターと密接な連携を取っている。地球の友の熱帯林キャンペーンは非合法の伐採と熱帯材貿易に反対している。

　　g. 世界自然保護基金（WWF）と国際自然保護連合（IUCN）
　WWFの最初の取り組みは、1962年のマダガスカルの森林保護区の境界を設けるものであった。さらに森林保護区を増やすとともに、それ以外の森林で「持続可能な利用」を推進してきた。熱帯林で先住民は数千年にわたり森林を維持してきた。WWFは先住民の経験から学び、また先住民の土地の権利を支援してきた。森林に対する圧力が債務や交易条件など経済的問題から生じることから、WWFは、世界銀行、OECD、WTO、ITTOに働きかけて解決をめざしている。WWFは毎年、約500万ドルを熱帯林の保全に費やしている。先進国、開発途上国とも熱帯林の重要性の認識が不十分であり、教育プログラムを作り意識を高める活動をしている。
　WWFは命の森キャンペーンを行っている。森林の保護地区を2000年までに10％以上にする。法律的に保護されている森林は現在6％である。第二に適切な森林管理を推進する。独立した第三者機関が、森林管理を基準に照らし審査していく制度を確立せよというものである。WWFは、世界銀行と協力して効果を挙げることをめざすという。
　IUCNはWWFと同じ所在地（スイスのグランド）に本部を置き、森林破

壊にたいして共通の認識を有する。WWFが森林を3つの優先課題の1つに指定し、活動をすすめているのに対し、IUCNは政策提言や事業の在り方に総合的に関わっている。IUCNはWWFとともに森林破壊についての出版を行っている。また、森林関係の国際会議に代表を送り普遍的立場から意見を述べてきたと言う。

h. グリーンピース

グリーンピースはITTOの会議に代表を送り、ロビー活動を続ける一方、下記のような実際の行動を行っている。

1994年マタ雨林（大西洋）の非合法伐採（ブラジル）を中止させた。外部業者による乱伐の続くソロモン諸島で、地元の人々のエコ森林の管理を支持している。さらにロシアのカミ原生林を世界遺産として登録させた。ニューヨーク・タイムズ紙、スコットペイパー、キンバレイ・クラークに、カナダの原生林を破壊しているマクミランブローデルから紙を購入しないように約束させた。ドイツの8つの主要な出版社に100万ドル相当の紙をすべて、皆伐された森林のパルプでないものに切り替えることを約束をさせた。ブリティッシュコロンビア州のクレイヨクト海岸の破壊的伐採を中止させた。グリーンピースは森林管理委員会（Forest Stewardship Council）を支援し、森林の持続的活用をすすめている。森林管理委員会は、消費者、材木業者、環境保護運動家などの連合体である。グリーンピースは、必要とあらば消費者の力を結集して皆伐による破壊をやめさせることができると宣伝している。

i. 世界熱帯雨林行動ネットワーク

1986年ペナンで開かれた第三回世界森林資源危機会議では、地球の友マレーシアを本部とする「世界熱帯雨林行動ネットワーク」が設立された。[28]このことは地域的NGOが世界的な連絡組織を設けたと言える。この会議は世界各国のNGO（地球の友を含む）主催により開かれた。地元マレーシア地球の友（SAM）、インドネシア、フィリピン、タイ、バングラデシュ、インド、ブラジル、米国、カナダ、ドイツ、ベルギー、スエーデン、デンマーク、

オーストラリア、ニュージーランドなどが参加。この会議では日本の熱帯林破壊に非難が集中し、日本からの参加者に強い自覚を促したことが、JATAN設立に深く関連している。

j. 国際環境開発研究所

　主要な国際ＮＧＯはITTOの設立段階から関わってきた。ロンドンの国際環境開発研究所も、ITTOの設立に関わった後、ITTOの監視を続けてきた。グリーンピースやWWFとともに2年ごとの会議、特別委員会に代表を送ってきた。広報や独自の報告書により、圧力を加盟国政府にかけてきた。本研究所は1990年のITTOの行動計画作成にあたり、ITTOの目的たる持続的利用と生態的均衡を加盟国政府にも適用させるべく動いた。1993年の条約改正時には、温帯林にも熱帯林と同じ仕組みを適用させるべく、南の国と共闘した。[29] これらの国際的規模のNGOは個々の特定された熱帯林を守るのでなく、全般的な状況を変えさせることによる方法をとる。

　他にも多くの団体が熱帯林の保護のために活動を続けている。米国のRainforest Action Network、オーストラリアのRainforest Information Centre、マレーシアのSAM（地球の友）などがその例である。

おわりに

　熱帯材に対する先進工業国の強い需要があり、商社による買い付けにより熱帯林が持続可能でない方法で伐られ消滅する状態が続いている。フィリピン、インドネシア、サラワク、パプアニューギニアなどではほとんど元の植生の再生が望めないような伐り方が横行してきた。これではすべての森林が消え、輸出すら難しくなる。

　温帯の森については、研究の積み上げや植林の経験があり造林が行なわれてきている。しかし熱帯林については、未知の状態であり再生の経験はない。それにもかかわらず熱帯林の伐採が続けられ、その消滅が予測されている。

　熱帯の原生林を伐採した後、ユーカリや油ヤシなどを植える事業が行われている所もある。成長の早いユーカリを植え、環境の回復に寄与していると

宣伝する企業もある。しかし、生物の多様性を奪うこういった単一種の植林は、森林本来のもっている多様な機能を否定するもので、先住民の生活基盤を奪い、また保水機能や水質の浄化機能に欠け、災害に弱い土地を作るようである。サラワクでは、油ヤシを植えるために先住民が居住地から強制的に追い出されるという人権侵害の事態が生じている。パプアニューギニアの飢餓は無秩序な熱帯林の伐採と無関係ではない。台風が来るたびに甚大な被害をだすフィリピンにはほとんど原生林は既になく、油ヤシの植林地ばかりである。

　熱帯林の伐採により先住民の生活が破壊され、人権の侵害がつづいている。先住民の生存をかけた反対運動がまず現地にあり、それを先進工業国の運動体が支援するという形になっている。先住民の人権を守ることが出発点となっている点に特色がある。運動の手段としては先進工業国内の熱帯材の需要を減らし、商社に輸入の削減を迫るという方式が取られている。パプアの会のように建築家による国産材による家造りを進める運動がある。さらには政府、ITTO（熱帯木材貿易機関）に働きかけをする運動が続けられている。伐採し輸入する業者の問題、現地の政府の問題、消費量を増し続ける日本の消費者、国際収支改善のため熱帯材の輸出を促す世界銀行や地域開発銀行、先進工業国のODAなど熱帯林が伐られ続ける要因はいっぱいある。

　特定の人々の欲望を充たすために、他の特定の人々の生活基盤、健康、生命が侵されている状況がある。一方には大きな利益を得る少数の現地の人（政府高官、商人など）、貿易を手掛ける商社、製紙会社、そこから紙を大量に購入し使用する先進工業国の消費者がいる。他方には森林を破壊され生活の場を失い、生命、健康の危機に陥った先住民がいる。この状態は正義に反するのではなかろうか。NGOの活動は、この不正義を少しでも正そうとするものであり、おおいなる救いである。

（注）
1）川名秀之「地球環境破局」p, 141, 紀伊国屋書店、1996年
2）Le monde, mardi 10 fevrier 1998
3）同上

4) Chico Mendes, "Fight for the Forest", p. 116-117, Green Planet Blues, (ed) Ken Conca, West View Press, 1995
5) Ricardo Azambuja Ant "The Inside out, the Outside in : Pros and Cons of Foreign Influence on Brazilian Environmentalism," p.15, Green Globe Yearbook 1992
6) ブルーノ・マンサー［熱帯林からの声］p. 229、野草社、1992年
7) 橋本克彦、『森にきけ』海外編 p.202、講談社、1992年
8) 同上、p.264
9) 同上
10) 同上
11) 同上、p.266
12) 同上、p.267
13) 朝日新聞夕刊、1990年3月24日
14) 鷲見一夫、『ＯＤＡ援助の現実』p.117、1989年、岩波新書
15) 熱帯林行動ネットワーク、『報告書：アジア太平洋地域の森林と環境保護のための国際NGOワークショップ』p.141、1995年
16) 松井やより、『市民と援助』p.37-38、岩波新書、1990年
17) 熱帯林行動ネットワーク、「SOS！サラワクの森ををまもろう」1993年
18) 毎日新聞、1997年11月18日
19) 清水靖子、『日本が消したパプアニューギニアの森』p.170、明石書店、1994年
20) 毎日新聞、1998年2月25日、大阪版、家庭欄
21) 清水靖子、同上、p.111-112
22) 同上、p.112
23) 橋本克彦、同上、p.227
24) Suddeutsche Zeitung, 15/16. 9. 90
25) Sierra Club, "Tropical Rainforest," p.14-15
26) WWF, IUCN, "forest for Life," p.25-26
27) 同上、p.27
28) 松井やより、同上、p.26
29) T. Prince, M. Finger, "Environmental NGO in World Politics," p.5, Routledge, 1994

参考文献
・イブ・ホリン　『サラワクの森』1989年、法政大学出版

第15章　生物多様性の保護

　生物の多様性とは、すべての生物の間の変異性を言うものとし、種内、種間の多様性、生態系の多様性を含むと定義される（生物多様性に関する条約第2条）。動植物の絶滅は、多様な生物種のうえに成り立っている人間の生存に関わる問題である。生物種の絶滅のスピードが早くなっていること、絶滅が人間の活動に起因することが明らかである。今日、生物学者により約170万種が分類されているが、2020年までに、全生物種の5～15％の生物種が絶滅するのではないかと指摘されている。[1] 現在の種の絶滅の早さは最低に見積っても生命が地上に出現してからの平均値の260倍である。(Le Monde, mardi 21 mars 2006) 戦後、野生生物に対する需要が増大し、乱獲、密猟が横行した。また息地が開発のため失われることが多くなった。1960年頃から対策を取るべき必要性が認識されるようになった。

　ストックホルムでの国連人間環境会議では、捕鯨が大きな問題とされた。会議は10年間商業捕鯨を中止する決議を採択した。[2] このストックホルム会議と前後して、野生生物保護のための国際制度を作るべく交渉が始まった。水鳥の生息に重要な湿地の保護については1971年ラムサール条約が成立、絶滅の危機に瀕する種の保護についてはワシントン条約が、移動性の動物種についてはボン条約が成立した。

　野生生物の保護条約は環境条約の中では最も古い型の条約に入る。最初にできた条約は特定の種についての2ヵ国間の取り決めであった。後に全体の生息数の保護が対象になる。また生息地域の保護や、生息地域のなかの全生物が対象となる。ここでは、5つの条約を紹介する。

1．ラムサール条約（1971年）：特に水鳥の生息地として重要な湿地に関する条約

　これは生息地域を扱った最初の条約である。干拓や汚染により湿地が破壊され、渡り鳥に脅威となってきたのでこれを防止するために結ばれた。締約

国は湿地の賢明な利用（Wise Use)を促進し、国内で湿地を最低一つ指定し、研究を推進しなければならない。多くの国が加入し、多くの湿地が登録された。この条約は、IUCN（国際自然保護連合）と国際水鳥研究会事務局が促進した。これらの組織は、国際的に重要な湿地を指摘し、各国に保護を促がしたのである。この条約は主に科学者により管理されている。

　条約は締約国に法律的義務をほとんど課していないから、弱い条約ではないかとの意見がある。しかし、軽い義務のゆえ、多くの国が参加したのである。「国際的に重要な」と言う基準が湿地保全の暗示的、道徳的、政治的義務となった。

　非ヨーロッパの諸国が条約に入っていない、熱帯や、南半球の水鳥の保護が十分にできないとの批判もある。事務局の不十分さや、締約国会議を定期的に開けない、資金の不足が指摘されている。

　2つの教訓がこの条約より得られた。生物保護が成功するためには、実施は、行政官でなく、科学者に委ねられるべきということ。第二は、事務局は独立の第三者が維持すること。

　日本はこの条約に加入し、釧路湿原を第1号に指定、宮城県の伊豆沼、尾瀬沼、琵琶湖など指定湿地を増やしてきた。

　しかし、日本では残された干潟を埋め立てにより破壊する公共事業も多い。1997年には諫早湾の湿地の埋め立て工事がはじまった（農水省の干拓事業）。1998年には名古屋市の藤前干潟を廃棄物で埋め立てる事業の申請があった。名古屋市の藤前干潟埋め立てに対する反対運動が成功し、名古屋市はこの計画を撤回した。

2．ワシントン条約：絶滅のおそれのある野生生物の種の国際取引に関する条約

　IUCNのよび掛けで絶滅の危機に瀕する野生動植物の貿易に関する条約が締結された。ワシントン条約は生息地の破壊についで野生生物の乱獲が絶滅の原因であることから、国際取引を規制することにより保護しようとするものである。国際的に取引されない場合は、規制の対象とならない。また、生

息地の国内での直接的な保護措置にも関与しない。[3] 1975年この条約は発効、100を越える国が加入している。

野生生物約1,061種が規制対象とされる。三つの範疇に分類される。付属書Ⅰに掲げる動植物の貿易を禁止、付属書Ⅱ、付属書Ⅲの動植物は貿易の制限を規定している。2年ごとに締約国会議を開き、付属書の対象種を検討する。IUCN、TRAFIC、IWRBのネットワークの協力と参加により、条約の運用、監視がなされている。

クロサイはアフリカの草原に生息する1トンの大型動物である。角を目的とする密猟により1992年には、2,480頭まで減少した。[4] クロサイは本条約の付属書Ⅰに分類され、貿易は禁止されている。ジャイアントパンダ、タイマイ（海ガメ）など557種が付属書Ⅰに分類されている。[5]

3．世界遺産条約：世界の文化遺産および自然遺産の保護に関する条約

1971年のユネスコ総会は、世界遺産条約を採択した。締約国は、群を抜いた普遍的価値を有する文化遺産、自然遺産を登録し、保全、活用を図る。日本は1992年に本条約に加入し、屋久島、白神山地、知床半島を自然遺産として登録した。これらの登録地は観光開発の規制と管理計画の策定が義務付けられる。[6]

4．ボン条約：移動性野生動物の保全に関する条約

ボン条約は1972年ストックホルム会議でIUCN（世界自然保護連合）により初めて提案され、ドイツが中心になって条約作りを推進した。絶滅の危機に瀕する種の保護の義務をその種が住む国に負わせるという内容を特色とする。各締約国は数々の措置を取るよう務め（Endeavor）なければならないと規定する。推進機関の規定がないことも問題とされる。また条約の義務と範囲があまりに広く優先順位をつけざるを得ない。細かな事務的規定が多いとも指摘されている。[7] あまりにも普遍的過ぎる条約となっている。1983年に発効した。ワシントン条約を補う内容となっている。

5．国際熱帯木材協定

1983年の国際熱帯木材会議で「国際熱帯木材協定」が締結され、国際熱帯木材機関（ITTO）が設置された。[8] 熱帯木材に関する研究、造林、加工、市場情報の改善を目的とする。環境配慮規定を置いているが、熱帯林の保護を直接の目的とはしていない。生産国、消費国の双方の立場を調整しつつ熱帯材の利用をはかる趣旨である。ITTOの事務局は横浜市に置かれている。

6．生物の多様性に関する条約

上記にみた条約は、個別分野にとどまり総合的対策にはなっていない。生息地での実際の保護、保全、資金、技術、援助と結びついた国際協力の樹立が求められたのである。IUCN（国際自然保護連合）は1984年の総会で生物多様性に関する条約の成立を目指すことを決定、研究を開始した。ブルントランド委員会の報告も条約の必要性を指摘した。1989年にIUCN案が示された。

IUCNはスイスのグラントに本部を置く非政府団体（NGO）である。[9] 政府機関、個人、NGOが加入している。1948年に設立された。1913年にスイスのバーゼルで国際的自然保護のために組織をつくることに合意ができたが、第一次世界大戦の勃発のため中断された。戦後組織化への努力があったが、第二次世界大戦にいたる国際的対立のため挫折した。1947年になってジュリアン・ハックスレイ卿（ユネスコ事務局長）らにより再び組織設立の努力がなされ、ついに設立を見たのである。18の政府が設立文書に署名した。IUCNは、野生生物の保護のための条約づくりに貢献してきた。

1987年にIUCNの管理理事会は生物多様性を保全するための国際行動の必要性を認め枠組み条約の作成のため作業部会を設けた。作業部会は、既存の諸条約が特殊な分野のみを対象としているので、新たに総合性をもった条約が必要との結論を出した。IUCNとFAO（国連食料農業機関）の草案が提出され、作業部会は草案作りに乗り出した。1991年にこの作業部会は、政府間交渉委員会と改称され、2つの部会に別れて検討を続けた。1992年に開かれ

るリオでの地球サミット直前になってもバイオテクノロジィと世界リスト（規制対象）で対立が続いた。1992年6月の地球サミット直前に交渉委員会で採択にこぎつけた。

1992年6月の地球サミットで153ヵ国が署名したもののブッシュ政権下の米国政府は署名を拒否した。[10] クリントン政権になり本条約に署名したが、上院の承認を得ることができなかった。[11] 本条約は1993年に発効した。

生物多様性条約では、すべての国が国外の環境に影響を及ぼすことを回避することが義務づけられ締約国領域の外の活動にも適用があるとされた。目的は、生物多様性を保全することとされた。生物資源、遺伝子資源の持続可能な利用の促進、利益の公平な配分の確保が明記された。

- 自然資源の利用開発に関して領域国が主権的権利を有すること。遺伝資源の利用に関する認可権を領域国が有する。その利用は国内法に従い、事前の同意が必要である。
- 締約国は遺伝資源を研究し開発して得た商業的利益を遺伝資源の提供国と公正かつ平等に分配する。
- 締約国は途上国に対して、生物多様性の保護および持続可能な利用に関する技術や機会を移転する。また知的所有権を尊重する。
- 生物多様性の構成要素を持続可能なように利用すること。生物多様性が長期的に減少しないこと。原則として自然状態で生物多様性の保全を行なうべきである。緊急の手段として、人工管理化で行なうことが認められる。
- 開発途上国への支援が不可欠である。本条約の目的達成のため先進国は途上国のために新規かつ追加的な資金を提供すること。資金の提供は地球環境基金（GEF）によるとされた。

生物多様性条約は枠組みを定めた条約であり、実施のための具体的基準、措置および手続きについては、締約国会議に委ねている。[12] 1999年には生物安全性に関しての締約国会議で交渉しカルタヘナ議定書を締結した。

2006年3月末ブラジルのクリチバで生物多様性条約の第8回締約国会議が開かれた。熱帯林の消滅を防止するため、京都議定書のクリーン開発メカニ

ズムを使うことにこの会議の参加者は期待している。北の諸国が企業がCO_2の吸収源の熱帯林にお金を出して保護する制度の利用を考えているのである。[13]

(注)
1) 本間慎「データガイド地球環境」p.58、青木書店、1995年
2) 朝日新聞朝刊、1972年6月2日
3) 磯崎博司他編「地球環境条約集」p.132、中央法規、1995年
4) WWF日本委員会「レッドデーまっぷ」1994年
5) 通産資料調査会「環境総覧」p.183、1996年
6) 磯崎博司、同上
7) "The Encylopedia of the Environment", p.419, Hougton Mifflin Company, 1994.
8) 渡部茂己、「国際環境法入門」p.41、ミネルヴァ書房、2001年
9) Max Nicholson, "The Environmental Revolution," p.225, Pelican Book, 1972.
10) Gareth Porter and Janet Welsh Brown, "Global Environmental Politics," p.99, Westview, 1996.
11) Elizabeth R.Sombre, "Understanding United States Unilaterralism," p.188, "The Global Environment," CQ Press, 2005.
12) 磯崎博司「生物多様性条約の法的意義と今後の課題」p.44、環境法研究 第22号 1995年
13) Le Monde, mardi 21 mars 2006

第16章　砂漠化

　地球の陸地の40％は乾燥した土地である。この乾燥した土地61億ヘクタールのうち9億ヘクタールは超乾燥地、すなわち砂漠である。残りの52億ヘクタールは乾燥、反乾燥、または乾燥した半湿潤地であり、世界人口の五分の一が住んでいる。

　36億ヘクタールの土地、すなわち上記の乾燥地52億ヘクタールの70％が砂漠化と呼ばれる土地の不毛化の危機に直面しているのである。これらの土地は潜在的な生産性のある土地であるからその喪失は世界人口の六分の一が生活手段を失うことを意味する。1968〜73年のサヘル地方（サハラ砂漠の南縁）での旱魃、およびその土地の住民への影響は、乾燥地帯での人間の生存と開発の問題を初めて世界に印象づけた。

　本章では砂漠化の問題にたいして国際社会がいかなる対応をしてきたのかを問う。国連砂漠化会議、リオ会議でのアジェンダ21にふくまれる砂漠化対策、砂漠化防止条約の交渉過程と締結という流れに添う形で検討する。

1. 砂漠化の問題

　国連総会は、1974年5月1日の決議3,202（S－Ⅵ）において国際社会が断固としたまた迅速な措置を取るべきことを決議した。これを受けた経済社会理事会の同年6月16日の決議1,878（L－Ⅶ）は、国連システムの関係組織が旱魃の問題に取り組むことを決議した。UNDP（国連開発計画）とUNEP（国連環境計画）のそれぞれの管理理事会は砂漠化の速さを調査するための処置をとる必要性を認めた。国連総会は、74年12月17日決議3,337により、砂漠化と闘うための協調した国際行動をとるために国連砂漠化会議を開くことを決定した。この会議は1977年の8月29日から9月9日にケニヤのナイロビで開かれることとなった。

　会議開催にあたってはUNEPが会議の準備を担当することになった。会議の準備過程においてもろもろの研究が行われ、会議が開かれた。慎重に集め

られたデータにもとづいて、会議は世界各地の乾燥地で生物学的生産性と人間の生活水準の低下が見られることに注目した。この過程は、第一次的には土地の不適切な利用により引き起こされているとした。とくに途上国の福祉、経済社会的発展を脅かしていることを認めた。アフリカ、中南米諸国、中央、南、南西アジアにおいて砂漠化が顕著に見られるとした。砂漠化はまた同時にオーストラリア、北アメリアカ、ヨーロッパにおいても進行していることを認めた。この問題は地球的規模のものであることを認めた。

2. 国連砂漠化会議[1]

国連砂漠化会議には、90ヵ国から500人の代表が参加した。2週間の会議は、ほとんどの時間を行動計画案の検討に費やした。パラグラフごとに順次検討を加え、行動計画を採択した。ひとつの中心的テーマは「行動をとるには、複雑な状況のもとで完全な知識を待っていたのではいけない」ということであった。

3. 砂漠化防止のための行動計画

砂漠化の定義を与えた。今までに砂漠という言葉はあっても、砂漠化（Desertification）という言葉はなかった。

砂漠化とは、土地の生物学的潜在力を減少または破壊し、砂漠の状態になること。広域的な生態系の悪化であり、生態系の潜在力を減少または破壊することである。

短期的目標としては、砂漠の広がるのを防止すること、および砂漠化した土地を生産的にすることとした。究極的目的は、乾燥地、砂漠化危険にさらされている地域の生産性を維持し、地域住民の生活の質を向上させることとした。

国連砂漠化会議の重要な目的は砂漠化が地球的規模の問題であり、いままで無視されてきたことに焦点をあてることである。砂漠化防止のためには、学際的なアプローチ、諸国際組織の協力、諸地域国際組織の協同が不可欠である。

行動計画の中で示された勧告はUNEPが行動計画の実施および調整に責任をもつこととした。さらに国連の地域委員会が関係諸国により採用された総合対策を実施するにあたり調整機能と触媒機能を果たすべきことを勧告した。

　1974年の国連総会は、この行動計画を承認した。しかし、この行動計画はうまく実行されなかった。UNEPは繰り返し砂漠化が広がっていると警告した。ブルントラント委員会の「われら共通の未来」の中でも砂漠化の問題が深刻であることが報告されている。1989年の国連総会は砂漠化の問題をリオの地球サミットの議題に含めることを決定した（44/228, 22 Dec）。さらに国連総会では、国連環境開発会議が砂漠化の防止と必要な措置をとることに高い優先性を与えるよう要請する決議をした（決議44/172, 19 Dec）。

4. 砂漠化防止条約の成立

　リオの地球サミットでは、アジェンダ21の中で砂漠化防止条約の交渉をするための政府間会議の開催を勧告した。国連砂漠化会議の採択した行動計画は、勧告であり、法律的拘束力を持つものではなかった。そこで今回は、諸対策を条約の形にすることで合意したのである。同年12月、国連総会はこの勧告を承認した（決議47/188）。その決議によれば1994年6月までに条約を作成することとされた。5回の会議をへて、1994年10月14日－15日にパリで署名式がおこなわれた。日本、ECを含む86ヵ国が署名した。[2]

　こうして「重大な旱魃におそわれている国々、とくにアフリカ諸国の砂漠化を防止するための国連条約」は1996年末、発効した。2004年4月現在で、181カ国が加入している。[3]

　本条約は第7条で締約国はとくにアフリカの被害国に優先性をあたえるべきことと規定した。付属書Iは、アフリカ地域の適用に関するものである。付属書はこの他にアジア、カリブ海地域とラテン・アメリカ、北地中海地域、中東欧に関するものがある。

　アフリカが今もっとも深刻な砂漠化に直面している。大陸の3分の2が乾燥した土地であること。73％の乾燥した農業用地が砂漠化によりすでに失われようとしている。

本条約は被害を受けている国が、行動計画をたてること、市民参加を推進し、地域の人々の努力を助けることに焦点を置くと規定した。開発途上国、援助国、国際機関、NGOの計画実施にあたっての協力関係の構築の枠組みを条約が与えている。さらに先進国が砂漠化と闘う途上国に援助を与えることが重要であると規定する。

　本条約は条約締約国会議（COP）を定期的に開催し条約の実行性を確保しようとしている。条約事務局をUNEPの中に設置した。砂漠化はまた地球環境基金（GEF）の対象とされた。[4] これによって資金面の手当てを整えた。

（注）
1) UNEP, "United Nations Conference on Desertification, 29 August -9 September 1977", published in March, 1978.
2) 西井正弘編「地球環境条約」p. 274、有斐閣、2005年
3) 西井正弘、同上、p. 281
4) the Centre for our Common Future, "Down to Earth," p. 4, Geneve, June 1995.

第17章　国際問題としての遺伝子操作食品

はじめに

　生物の細胞核のなかにある染色体に長い真珠のネックレス状の鎖が二重鎖構造になって存在している。この真珠のひとつひとつが遺伝子であり、各細胞に数千個の遺伝子がある。遺伝子はDNA（デオキシリボ核酸）と呼ばれ生物はこの遺伝子により制御される。各遺伝子は適切なときに、適切な量の蛋白質を生産するためのスイッチの役割を演ずる。

　1973年、カリフォルニア出身の細胞生物学者ハーバート・ボイヤーとスタンレイ・コーヘンは遺伝子の基礎単位を組み替えることに成功した。どの生物でも遺伝的な基礎構造は同じであり、酵素をもちいて関係のない細菌からDNAの断片―遺伝子をきり貼り合わせて、再度挿入することにより新しい生物種を作り出せる。これを遺伝子組み替え技術と言う。遺伝子を切断し、貼り合わせ挿入することによりどんな生物の組み合わせも可能となった。一万年前、農業が始まったころから品種改良がおこなわれてきたが、すべて交配によりおこなわれてきた。同じ種の雄と雌の掛け合わせに依存した方法であった。遺伝子組み替え技術によって生物種の壁をはじめて破った。この技術を利用すれば品種改良はずっと早い。本稿では、遺伝子組み替え生物をOGM（Organisme Génétiquement Modifié）と呼ぶ。

　遺伝子組み替え技術は、遺伝（親から子へと形質が伝わること）を自然で無作為なものから、人間が管理し利用できるようにした。現在この遺伝子組み替え技術により食料が生産され、流通するようになり、国際的な問題となり交渉が続けられている。科学技術が政治的経済的な問題を引き起こしている1事例として本問題を取り上げた。遺伝子操作食品の流通が社会に及ぼす影響をのべるのが本論の目的である。[1]

1. 牛成長ホルモンBST [2]

　BSTは乳牛に産するタンパク質のホルモンであり、屠殺した牛の下垂体

から抽出される貴重なものであった。モンサント社はBST産出遺伝子を牛からとり大腸菌に挿入して、培養タンクで大量に増殖することに成功、FDA（Food and Drug Administration 連邦食品薬品局）の認可をうけた。商品名ポジラック（BST）として売り出された。牛に注射すると25％牛乳量が増える。この遺伝子組み替え技術によりつくられたBSTは自然のものと実質的に同じとされた。BSTを使用して生産された牛乳とそうでない牛乳の分別はされていないし、表示もない。FDAは表示する必要なしと決定したのである。

こうして94年2月よりBSTを投与された乳牛から取った牛乳がチーズ、バター、アイスクリーム、乳製品に使用されはじめた。BSTの使用について論争がおきた。純粋で自然な牛乳に人間が手を加えることに多くのひとは衝撃を受けたと言う。モンサント社は認可をうるためにあらゆる手段を取った。モンサント社の研究助成を受けている大学の研究陣によるBSTの安全性確認の実験を1,500例そろえた。人の健康に影響なしとの報告を積み上げたのである。しかし、BSTの安全性についてある英国の研究チームが警鐘をならした。91年モンサント社はこれらの研究者3人の発表を妨害した。問題の研究結果とは、BSTを投与した牛に乳房感染症の増加、膿や細菌増加を見るという内容であった。

モンサント社のBST普及の努力にもかかわらず、ほとんどのアメリカ人は納得しなかったと言う。[3] 諸環境保護団体やピュアーフード・キャンペーンは、BSTが牛の健康をそこない人の健康に影響を及ぼし、中小の酪農家に痛手を与え、必要もないのに自然の恵みを損なうと非難した。モンサント社と大酪農家以外、誰が利益を得るのかと首をかしげたという。BSTの使用により、牛に乳房炎がおこり、治療のために抗性物質を使用するので、それが、牛乳に残留するということになる。またBSTの投与は牛を牛乳製造機にする。まるでチョークを全開にして車を走らせるのと同じだというわけである。しかし、BSTはモンサントのたくみな戦略でアメリカで普及しやがて新聞、政治からBSTの議論は消えていった。

カナダではアメリカの議論が当然注目された。消費者がBSTの使用に反

対を表明した。そこでモンサント社は95年までカナダでは承認を政府に申請しないと約束した。98年になってカナダ保健省の動物用医薬品部の科学者6名が、上司から安全性の問題のある医薬品を承認するように圧力を受けたと告発した。BSTを承認しなかったために威圧、脅迫をうけたと苦情処理委員会に訴えたのである。カナダ保健省がこの承認手続きのなかで十分なデータをアメリカの製造者に要求しなかったとの告発であった。この試験とはBSTの投与実験で、ラットの30％に抗体蛋白異常、甲状腺の病変などの結果がでたという。この文書が流失し、大きなスキャンダルとなった。この事件をうけてカナダの上院農業委員会はあらたにBSTの禁止措置を要求した。こうしてモンサント社のBSTの申請は拒否された。この禁止措置は、アメリカによりWTOに提訴される恐れがある。

しかし、カナダの乳製品にBSTが入っていない保証はないという。[5] アメリカ製のインスタントココア、朝食用シリアル、プリン中にも含まれている。密輸されたBSTを使用して製造される牛乳もカナダに流通している。

アメリカ政府とモンサント社は他の国で承認を得るため活動をつづけた。しかし、ヨーロッパ共同体は、ホルモン処理された牛肉の流通を禁じたために、BSTの残留するアメリカの牛肉はヨーロッパ市場からしめだされてしまった。[6] 97年後半、アメリカ政府はWTOにヨーロッパ共同体のBST残留牛肉禁輸措置を違法として提訴した。

WTOはECによるホルモン剤を投与された牛の牛肉の輸入禁止措置を違法と裁定した。ECはこのWTOの裁定に従わなかったので、アメリカの報復措置を受けることになった。アメリカはECの農産物に高率の関税を課して報復した。

2．米国政府の攻勢

ドーハのWTO（World Trade Organization）の閣僚会議（142ヵ国）で多数国間環境条約とWTO規則との関係に関する交渉がおこなわれた。WTOにおいて環境がもっとも微妙な問題の1つとなっている。2000年1月に合意された生物安全性に関するカルタヘナ議定書は多数国間環境条約のひとつで

あり、遺伝子組み替え食品（OGM）の貿易に関しての規定がある。アメリカはこの議定書に署名もしていない。

　ドーハではWTOの宣言文の中に環境、生物安全性が盛り込まれた。ヨーロッパ共同体の主張が入れられた形になった。この宣言文に環境のことを記載することについて日本、ノルウェー、スイスが支持、インドや途上国の多数、アメリカが反対した。

　WTOと多数国間環境条約事務局が情報交換する手続きを確立し、環境関連の商品やサービスに関する貿易障壁を減らすこと、エコラベル、貿易の拡大と環境保護両方の目的を満たす方策については2003年の第5回閣僚会議で決めるべきことが合意されたのである。[7]

　WTOの規定と多数国間環境条約の適合性に関する将来の交渉の結果は、多数国間環境条約に加入している国にしか強制力をもたない。多数国間環境条約に加入していないアメリカには強制力はない。第2に多数国間環境条約に優位する地位をWTOに与える恐れもある。[8]

　2001年11月6日、ドーハで開かれたWTOの総会前に、アメリカの64の農業業界団体が米国通商代表に「予防原則」を否定するように要請した。非合法な貿易の壁をECがとらないように主張することを要求した。[9] 予防原則とは危険性が科学的に証明されなくとも環境や健康に悪影響を及ぼす恐れがある場合、安全と判断されるまでその行為を差し止める原則を言う。米国のロビーはECのモラトリアムで3億ドル相当のトウモロコシが輸出できないと主張した。アン・ベナマン農務省長官は、2002年1月、オックスフォードでアメリカの正当性を強調した。アメリカは常に科学的根拠にもとづいており、理論上のリスクを唯一の根拠とする予防原則がヨーロッパを支配している。この原則がバイオ製品を市場から排除していると批判したのである。[10]

　8日後、米国務省経済顧問はブリュッセルでアメリカの忍耐も限界にきていると語った。すなわち米国がOGM問題をWTO協定違反として持ち出して法律的にWTOの裁定により白黒を付けることをほのめかした。

WTO提訴

米国は、OGMの表示と追跡可能性を入れることは貿易をそこなうと主張している。米国は、モラトリアムも、表示も、追跡可能性もきらっている。OGMは安全であるという主張を維持している。追跡可能性（Traceability）とは最終製品からさかのぼって原料の生産者を特定できる表示制度を取ることである。

1998年以来、ヨーロッパ共同体ではモラトリアム（凍結措置）により、新規OGMの輸入が止まっている。表示と追跡可能性の措置を導入したらモラトリアムを解除するという理事会、議会の決議がある。消費者はこの措置によりOGMか非OGMを選ぶことができるというわけである。2001年7月、ヨーロッパ委員会はOGMの表示と追跡可能性に関する提案を採択した。

新規のOGM製品の輸入に関するヨーロッパ共同体の対応（厳しい審査、表示、追跡調査の可能性を義務づけを主張）は米国の反対があるので維持することが難しい。もしアメリカ政府がこの厳しいヨーロッパ共同体の対応をWTOに提訴すれば、ECは負けることになるかもしれないからである。万が一アメリカが負ければ、WTOに関するアメリカ議会と世論の信頼を失うおそれがある。もし、アメリカが勝てば、ECはWTOの決定に従わないことが目に見えている。アメリカは、これをあえてWTOに持ち込む意思を有しないと2002年に考えられた。ECによる成長ホルモン残留の米国産牛肉の輸入禁止事件よりもひどい対立が起こることが予測されるからである。2002年アメリカはフランスとドイツの選挙が終わるのを待っていた。遺伝子組み替え食品の流通問題が選挙の争点となり、環境保護政党がそれを利用することを恐れていたのである。[11]

2004年4月アメリカはヨーロッパ共同体の遺伝子組み換え食品の輸入凍結をWTO協定違反として紛争処理委員会に提訴した。（www.wto.org）ヨーロッパの企業はOGMの生産を行なっていない。アメリカの企業のみが生産している。2001年のOGM作付け面積は5,000万ヘクタールを越えた。前年より19%伸びた。13ヵ国で550万の農民が生産に従事している。アメリカの

作付けは、68％に及ぶ。

　遺伝子組み替え技術を推し進めているのはアメリカにあるモンサント社などの大企業である。それらを監督する政府当局は、これら大企業ときわめて仲がよい。[12] 元アメリカ通商代表、商務長官ミッキー・カンターはモンサント社の取締役に就任した。97年に大統領特別補佐官マーシャル・ヘイルは英国とアイルランド戦略担当重役に、クリントン大統領側近ホワイトハウス勤務のジョシュ・キングは97年モンサント社ワシントン事務所の全世界調整責任者となった。[13] このように行政権とモンサント社は人的に深くつながっている。

　かつて大学の特質とされていた学問の府としての研究機能が失われてしまったという指摘もある。農業系の大学でおこなわれている研究のほとんどが独占的、営利的な作物を開発するための手段を民間企業に提供するためのもである。[14] 企業利益のための研究を実施することが多くなった。企業セクターから大学が大量の資金を供給されることにより、研究者はみずからの価値を見なおさざるをえなくなっている。公益のためにバイオテクノロジーを研究するのか、または、発見が最終的に助成金、贈答、名声となり報酬となることを期待して研究をおこなうのであるのか。[15]

3．OGM推進論

　ローバート・パールベルグ教授はフォーリン・アフェアーズ誌（200年5月6月号）の論文でOGMの普及に関してアメリカの立場を代弁した。[16] ハーバード大学の教授という肩書を付けての登場は、権威を利用して、世界の読者にアメリカのOGM製品の輸出の正当性を売り込もうとする意図があるのではないか。

　教授はまず新しい技術は必ず強い抵抗にあうとの一般論からはじめた。したがって遺伝子組み替え技術の商業利用に対する強い反発は驚くにあたらないという。ヨーロッパの消費者、環境保護運動家は、OGMが仮説的なリスクしかないのに危険であると語っている。慎重なヨーロッパ対侵略的アメリカの工業という図式ができている。しかし、本当の当事者は、貧しい第三世

界の農民であるという。第三世界の貧しい農民が最も遺伝子操作の技術を必要としているというわけである。

　私は、特許制度を利用して遺伝子組み替え技術を独占し、世界の農産物市場を押さえようとする多国籍企業が当事者であり、第三世界の農民は体よくダシにされているのではないかと考える。世界の食料危機を救う技術として、遺伝子組み替え技術を持ちあげる論法である。遺伝子組み替えの種子は多国籍企業に特許料を払わなければ手にはいらない。貧しい人々からなけなしのお金をまきあげるのであろうか。また、上記論文の「OGMが仮説的なリスク」しかないとう主張にも飛躍があり、容認できない。遺伝子組み替え技術により精製した昭和電工のトリプトファンは、37名の死亡者と1,535人に永久的障害をあたえた。モンサント社の開発した、害虫抵抗性ワタが結実せず、落花した事件、ブラジルナッツのアレルゲンがダイズに移行した事例などなど、「仮設的リスク」とは言えない。遺伝子組み替えにより作り出した成長ホルモンBSTを牛に投与したところ、その牛の免疫性が落ちる事例などがある。

　98年6月に開催された国連遺伝子資源委員会第5回特別会期で、アフリカの代表は貧しい国々の貧困や飢餓というイメージを利用して巨大企業が安全でない技術、利益をもたらさない技術を押し進めていることにつよく反対するとの声明を出した。[17] 生命倫理学者アーサー・シエファーは途上国のためということはあまりにも安易で、実際は企業の利益のために遺伝子組み替え技術が導入されていると非難する。[18] インドのバンダナ・シバはバイオテクノロジーと遺伝子工学がなければ世界が飢えるというのはうそであると断言している。[19]

　国際機関はバイオテクノロジーが豊かな人々のためのものであることを知っている。[20] 飢餓で苦しむ国が必要とする食物の遺伝子組み替え実験はほとんどない。いちばん多く実験された除草剤耐性も、除草剤を買う余裕のない農民の手の届く技術ではない。

　この論文はさらに、遺伝子組み替え食品が農業の難しい問題を解決するために開発されたという。すなわち、害虫、雑草対策、土壌の保護のために遺

伝子組み替え技術が応用された。モンサント社は除草剤グリホサントにたいして枯れないトウモロコシやワタを開発した。これによって危険な除草剤を減らすことができると説明した。96年になり、商業利用が始まった。99年には、アメリカの半分のダイズ、3分の1のワタが遺伝子組み替えのものとなった。99年にアメリカは遺伝子組み替え作物の72%を生産し、残り17%がアルゼンチン、10%がカナダで生産される状況となった。

　遺伝子組み替えの種を利用すると殺虫剤、除草剤の散布が減るというのはあまりにも都合のよいはなしである。アメリカ南部の農民はモンサント社の宣伝にのりボルガード（ワタ）を栽培したが、生育期の終わりにボルワーム（害虫）が大量に発生、殺虫剤を散布せざるをえなくなった。この現象はモンサント社の販売したボルガードの半数に及んだ。除草剤にたいしても枯れない作物を作る場合、いままでは、作付け作物を避けて除草剤をまいていたものが、その作物にも除草剤をまくことになり、かえって残量農薬が増えることになる。

　ヨーロッパの消費者は恐怖をいだいている。狂牛病の危機は消費者が専門家、政府にたいする信頼を失った。食料の安全性が何よりも求められた。グリーンピース、英国のチャールズ皇太子、ポール・マッカートニーはこぞって遺伝子組み替え技術を批判した。フランスでは、農民、消費運動家、労働組合員、環境保護運動家が団結して、マクドナルド、アメリカの成長ホルモン残留牛肉、コカコーラに敵対した。

　ヨーロッパ共同体は98年4月新規にOGMの利用、貿易を禁止した。アメリカのヨーロッパへのトウモロコシ輸出は止まった。遺伝子組み替えされたダイズとトウモロコシを含む食料の表示が義務づけられた。ヨーロッパのファーストフードのバーガーキングやマクドナルトは、99年、遺伝子組み替えでない商品のみを扱うと約束した。

　米国政府はヨーロッパや日本にもっと食品や農産物についても市場中心主義を取るよう促してきたが、今や消費者の強い要望に支配された市場により、アメリカは方向転換をせまられている。アメリカはOGMの表示に強く反対している。アメリカの農業が、輸出に依存している。25%のトウモロコシ、

ダイズ、ワタが輸出され、50％以上の小麦、米が輸出されるのである。

遺伝子組み替え食品の完全な表示制度には高い費用がかかる。また、非組み替え作物と組み替え作物の完全な分別には難しい事情がある。

OGMの扱いについてはWTOや生物多様性条約の締約国会議で論争を巻きおこしてきた。WTOの規則によれば、健康、環境保護のために貿易を制限する処置は、暫定的にしか認められず、かつ貿易を制限する国に規制の科学的根拠を示すことが求められている（SPS規定；衛生および植物検疫措置の適用に関する協定）。生物多様性条約の締約国会議では、このWTOの規定を緩和し、予防原則を生物安全性に関するカルタヘナ議定書に入れることで合意した。貿易担当大臣よりむしろ環境大臣がこの議定書作成により貢献したのである。カルタヘナ議定書によりOGMの貿易が規定されることになった。遺伝子組み替え技術は貧しい国の貧しい農民をおおいに助けることができるかもしれないが、現実には、北アメリカ大陸とアルゼンチンの豊かな農民が世界の99％のOGMを栽培しているにすぎない。なぜ、貧しい農民もこの革命に参加しないのかと問う。第1の理由は、多国籍企業が熱帯地方の農業を無視しているからだと。第2はWTO体制のもとで、種子にも知的所有権が認められ保護されているからである。貧しい農民はOGMの特許料を払うような購買力をもたない。

4．表示をめぐる交渉（コーデックス委員会、国際食品規格委員会）

コーデックス委員会（Codex Alimentarius Commission）は1962年にWHOとFAOが共同で設置した。この委員会は食品の国際的規格と消費者保護、自由貿易の促進を目的とする。コーデックス委員会の食品規格はWTOにより食品貿易に関する紛争に適用される。

コーデックス委員会の食品表示部会でOGMの表示について検討がつづいている。3つの意見が対立していて、合意にはほど遠い状況である。[21]

(1) これまでの食品と栄養成分があきらかに異なる場合のみ表示すればよいとする、たとえば、「高オイレン酸ダイズ」等の例がある。生産国のアメリカ等の主張。

(2) 食品中に遺伝子が残るもののみを表示する。日本などですでに表示している国の主張。

(3) すべての食品に表示すべしとする。ノルウェーやインドなど。

また、表示の名称についても対立がある。アメリカは「モダンバイオテクノロジー」を主張、他の国々の「遺伝子組み替え」の主張と対立している。モダンバイオテクノロジーという表示では、消費者は遺伝子組み替えされたものかどうか気付かない恐れがある。

食品表示部会は、OGMの表示について2005年の総会の採択をめざしているという。

5．反対運動

フランスの農民連合（Fédération des paysans）は遺伝子組み替え植物の植え付け実験に反対するため、農民連盟のジョゼ・ボベ他2名らフランスのネラック（Nérac）にあるノヴァルチス社の実験施設に侵入、遺伝子組み替え植物を引き抜いた。1998年1月8日のことであった。さらに99年6月モンペリエの開発農業開発協力センター（le Centre de coopération internationale en recherche agronomique pour le développement）での温室、情報装置、植物を破壊した。[22]

ネラックでの侵入、破壊事件に関する刑事裁判所の2月3日の第1回公判で、被告人はつぎのように証言した。

「商業化を阻止するためにノヴァルチスの遺伝子組み替えダイズを引き抜くために1月8日にネラックにきた。農民たちは重要な問題に反応を示したのである。

　優秀な証言者があきらかにしたように遺伝子組み替えされた植物の利用は人間と動物の健康、自然環境、水資源、生物多様性、文化にとって危険なものである。実験は、栄養価を高めるようなものでなく開発者の利益を上げるためかまたは販売が容易なものに向かっており、農民が望んでいるものではない。

フランス政府は予防原則を採用しており、そこからは、慎重な政策がでてくるものと推定したい。しかし、フランス政府は多国籍企業の遺伝子組み替え種子の独占に手をかしている。政府は食料の自給権を無視し、有毒な食品を扱う商人の最終目的に奉仕している。農民の長年の習慣を根こそぎにして、多国籍企業の株主の利益を作り出そうとするのものにすぎない。

　もしECがアメリカとWTOの圧力に負けるようなことがあれば、遺伝子組み替えの植物の規制なき拡散がもっとも傷つきやすい途上国に起こるであろう。世界銀行やIMFの融資により研究者や研究所が規制なく多くの途上国で遺伝子組み替えに取り組めば、『砂漠の嵐』が吹きあれるであろう。多くのひとが人質となるのである。だれがそれを裁くのであろか。

　遺伝子組み替え植物の初めての公判ではわれわれの主張を聞いた多くの喜びに満ちた支援者の声が届いた。政府は人間と地球を、金もうけと商品の自由貿易の名で毒す危険性を引き受けると宣言することを恐れることなく、社会秩序に関する裁判をわれわれに対して起こした。

　検察官は、進歩の歩みに抵抗することはできないし、反対することは虚しいと言わせたいであろう。ノヴァルチス社の遺伝子組み替えトウモロコシを破壊したのは、工業的製品が普及させることにより農民を排除することになるからである。

　わたしは責任を取る。ネラックで1月8日に行なったことは完全に正当であり、今後も活動を続ける。」

　この刑事訴訟では、2月8日、ジョゼ・ボベ、ロネ・リセル両名に禁固8ヵ月、罰金、フランソファー・ルーに禁固5ヵ月、（いずれも執行猶予付）の判決が下された。[24]
　被告人は控訴しなかった。
　ブレビの酪農農民組合と農民連合は99年8月12日、ミロで建設中のマクドナルドの店舗を打ち壊した。[25] アメリカのフランス産チーズに対する報復関税に反対しての抗議行動であった。[26]
　このようにフランスでは、反対運動は、批判だけでなく、畑で遺伝子組み

替えの実験施設の破壊を実行している。[27] さらにフランスでは遺伝子組み替え植物の新しい実験の許可が凍結されたままになっている。[28]

アイルランドでは、97年モンサント社がラウンドアップレイディサトウダイコン（除草剤耐性）を畑1エーカーに植えたところ、ゲール地球解放戦線に荒らされた。[29] 遺伝子組み替えの作物の試験場が次々と襲われている。英国では「遺伝子雪ダルマ運動」により、野外試験場を襲う運動がひろがっている。[30]

英国皇太子チャールズは広大な農地を所有し、耕作させている。皇太子は、有機農業を強く支持している。チャールズ皇太子所有の農地においては、有機農業が実施されている。96年の講演会で遺伝子組み替え技術を否定した。[31] チャールズは、98年6月8日、デイリーテレグラフ誌に遺伝子組み替え技術について意見をのべた。[32] 98年の後半の皇太子のホームページ開設の最初の一週間には600万件のアクセスがあったという。[33]

ヨーロッパでは、グリーンピースによる遺伝子組み替えダイズなどの反対運動が盛んに見られる。

日本では、遺伝子組み替え食品いらないキャンペーンが消費者連盟、日本子孫基金、生活協同組合により形成され、署名、集会、政府陳情を繰り返してきた。[34]

OGMの反対運動は、99年11月末からシアトルで開かれたWTOの閣僚会議に動員をかけ抗議したし、カルタヘナ議定書の採択をめざしたモントリオール会議にも多くのNGOがかけつけた。2001年11月ドーハで開かれたWTO閣僚会議も同様に民間団体が参加、会議を監視した。フランス農民連合のジョセ・ボベもドーハにいた。[35]

5．日本のOGM食品の輸入

遺伝子組み替え食品は日本では生産されていない。日本は遺伝子組み替え食品の最大の輸入国である。[36] 日本では1996年（平成8年）にアメリカ、カナダの企業より申請があり、97年9月、輸入を承認した。除草剤耐性ダイズ、ナタネ3種、害虫抵抗性ジャガイモ、トウモロコシ2種の4品目7種につい

ての承認であった。98年には、除草剤耐性ナタネ4種、トウモロコシ、害虫抵抗性ワタ、トウモロコシ、ジャガイモ、日持ちトマトなどを追加して承認している。日本は穀類500万トンを輸入しており、かつダイズの98％が輸入という実情がある。食料自給力の低い日本は、世界最大の食料輸入国であり、OGMであろうが、非OGMであろうが、選択の余地がない。穀物輸入の大半を北アメリカにたよる日本は主要生産国アメリカともに最大のOGM食品の消費者となっている。食料に関しては、日本は選択肢を持たない。アメリカの従属国になっている。

ヨーロッパのアメリカの遺伝子組み替えコーンやナタネ、ダイズの輸入禁止と日本の輸入容認とはきわめて対照的である。食料自給率の極端に低い日本は、安全性に対しても独自の判断ができないのである。

遺伝子操作食品の承認について審査する薬事・食品衛生審議会食品衛生分科会食品衛生バイオテクノロジー部会は、ほとんど事務局のシナリオとおりに、申請されたOGMを認めてしまうという批判がある。[37]

遺伝子組み替えイネの商業的栽培は、まだされていない。しかし、すでにアバンテスト社の「リバティリンクライス」とモンサント社と愛知県農業総合試験場の共同開発している「祭り晴」が完成している。いずれも除雑草剤耐性を持つものである。すでに農水省の環境安全評価を終えているので、厚生労働省に申請すれば、承認される見込みという。[38]

97年に初めて遺伝子組み替えのダイズ、トウモロコシ、ナタネが許可され、日本に流通し瞬く間に普及したが、今や遺伝子組み替えの米を日本で栽培せしめる段階になってきたのである。

おわりに

アメリカ政府のOGM売込み攻勢、アメリカの多国籍企業の巨大な投資、アメリカ大陸におけるOGMたるナタネ、ダイズ、トウモロコシ、ワタ、ジャガイモの生産がある。アメリカにおいて遺伝子組み替え技術を批判する研究者は、完全に研究費を断たれる構造ができあがっている。企業の学会への資金援助をつうじて、あるいは、大学や研究機関の産学共同路線の帰結であ

る。アメリカの論者は、遺伝子組み替え食品は第三世界の農民、飢餓を救うために必要であると主張する。しかし、実際は先進国の豊かな農民のためのOGM種子しか作っておらず、また開発途上国には高いOGMの特許料を払う能力はない。OGMはアメリカの多国籍企業の特許料を稼ぐ有力な投資対象である。OGM開発企業の政府にたいする強力なロビー活動があり、アメリカ政府は常にOGMの世界市場制覇をめざしている。

　アメリカが生物多様性条約、カルタヘナ生物安全性に関する議定書に加入せず、自国企業の利益を最優先している状況が続いている。

　合成洗剤が巨大な広告費の投入により市場を制覇している日本の現状から類推すれば、OGMが巨大企業の意図で市場を席巻してしまうのではないかとの恐れは否定できない。合成洗剤がひとの健康と環境にきわめて良くないことが明白であっても、企業の強力な広告により合成洗剤を売りまくることが公然とおこなわれている。[39] 広告費を受け取るマスコミは、合成洗剤の販売を損なう恐れのある記事を載せることはない。企業から研究費の助成を受けた大学の研究者も合成洗剤を否定する研究はやりにくい。こうして合成洗剤が市場を席巻している。

　遺伝子組み替え技術は、IT技術、原子力とともにきわめて巨大な技術であり、人類や環境に与える影響ははかり知れない。OGMの輸入、作付けに対しては反対の声をあげ、ボイコットをすすめるしかない。長期的には日本の食料自給率を高め食料生産を他国に頼らない態勢を整えることも大切である。安全で健康的な食品は遠い国々の農地に頼ることはできない。

（注）
1）生物安全性に関するカルタヘナ議定書の解説は、東京国際大学論叢国際関係学部編第6号「遺伝子操作食品と予防原則」でおこなったのであわせて参照くだされば幸いである。
2）インゲボルク・ボーエンス「不自然な収穫」光文社、1999年による
3）ibid., p. 97
4）ibid., p. 98
5）ibid., p. 121
6）ヨーロッパ共同体（Europeean Community）はローマ条約により設立された関税、経済、通貨同盟であり、法人格を有する。通商問題に関しては、あたかも1つの国の

ごとく他国と交渉し、条約を結ぶ権限を有している。ヨーロッパ連合（European Union）は、ヨーロッパ共同体加盟国によりマーストリヒト条約により設立された政治的同盟であり法人格はない。ジャーナリズムは、もっぱらヨーロッパ連合（EU）という言葉で報道をしている。本稿では法律的に正確な表現たるヨーロッパ共同体（EC）を使用する。

7) Financial Times, Nov. 15, 2001
8) Le monde diplomatique, mai 2002
9) ibid.
10) ibid.
11) ibid.
12) ジョン・ハンフリース「狂食の時代」p. 218、講談社、2002年
13) インゲボルグ、ibid., p. 87
14) ibid. p. 230
15) ibid., p. 338
16) Robert Paalberg, "The Global Food Fight", Foreign Affairs, pp. 24-38. May-June, 2000
17) ibid., p. 88
18) ibid., p. 78 0
19) バンダナ・シバ、「緑の革命とその暴力」序文、日本経済評論社、1997年
20) ibid. p. 75
21) 食品と暮らしの安全、No. 158, P. 13
22) Rene Riesel, "Déclarations", Editions de L'Encyclopediie des Nuisances, p. 98〜102.
23) ibid.
24) ibid., p. 102
25) José Bové et François Dufour, "le Monde n'est pas une marchandaise", p. 13 le grand livre du mois, 2000
26) ibid.
27) ibid.
28) L'Express 24/4/2002
29) インゲボルグ ibid. P. 300
30) ibid., p. 301
31) ibid., p. 302
32) The Daily Telegraph June 8, 1998
33) インゲボルグ ibid. p. 302
34) 長谷敏夫、「国際環境論」時潮社、p16、2000年
35) le Monde, samedi 24 nov, 2001
36) 読売新聞　1998年5月2日
37) 「消費者レポート」第1176号、2002年1月27日
38) 「消費者レーポート」No. 1187号、2002年5月17日

39) 長谷敏夫、「国際環境論」第4章、p.24、時潮社、2000年

参考文献
- インゲボルグ・ボーエンス「不自然な収穫」光文堂　1999年　関裕子訳
- ジェレミー・リフキン「バイテクセンチュリー」集英社、1999年　鈴木主税訳
- Jose, Francois Dufour, "Le monde n'est pas une marchandise", le grand livre du mois, 2000
- ジョン・ハンフリース「狂食の時代」講談社　2002年　永井喜久子訳他
- Robert Paalberg, "The Global Food Fight", Foreign Affairs May/June 2000
- Jean-Marc Biasp. "Coup de gel sur les OGM ?"p.45, L'Express 25/4/2000
- Le Monde diplomatique mai 2002
- Le Monde, le 25 janvier 2000

第18章　原子力エネルギーと環境

　第二次世界大戦で初めて原子爆弾が使用され、広島、長崎を蒸発させた。残虐かつ無差別な攻撃方法は国際法の禁ずるところであるが、原子爆弾はまさにそのような兵器として開発されたのである。戦後の冷戦状態の中で核兵器の開発競争が演じられた。核実験が繰り返され、放射性物質により地球は汚染された。

　原子爆弾の製造過程から原子力エネルギーの利用が考えられた。原子力発電はいわゆる原子力の平和利用の一つとして発展してきた。ただし、原子力潜水艦の原子炉は平和的利用とは言えない。また、原子力発電が果たして平和的利用かどうかは大いに疑問と感じられるところである。[1]

　原子力発電は核兵器開発とともに大いに広まり、1997年12月末現在429基の原子炉が稼働するまでになった。[2] 核兵器については核拡散防止条約による先進工業国の独占体制が続いてきた。核拡散条約は少数の先進国にのみ核兵器の保有を認める不平等があるので、インド、パキスタンはこの条約に加入せず、1998年に核実験を行なった。原子力発電所は兵器と違い、「平和」利用であり、むしろ輸出されるなどして広がっている。

　本章では原子力発電に関する問題を考えよう。被爆者の問題、放射性廃棄物、事故、エネルギーとしての効率性、原子力開発政策の孕む問題性、環境倫理の問題に分けて考察する。

1．原子力発電所の日常運転による汚染
(1) 微量放射線の生物学的医学的危険性

　原子力発電所から出る気体、液体の廃棄物は固体の廃棄物よりも放射性レベルが低い。大気や水の中に広がって薄まるという理由で環境中に捨てられる。原子力発電所が稼働すると排気塔からまた排水口から放射性物質が排出され、周囲に拡散される。[3] 平常運転時にも微量の放射性物質が、生物細胞に影響を与えている。原発の稼働により必然的生成物質（放射性物質、プル

トニュウム）は指数関数的に増大する。

アメリカのドレズデン原発（運転歴17年）の周辺地域の乳幼児死亡率は、原発からの放射性気体の排出量と平行関係を示した。[4] 微量放射線による晩発性障害の出現には、10年以上かかり、遺伝的影響も25年以上経って現れる。[5]

古くから高線量の放射線の生物体に与える影響はよく知られて来た。低線量放射線については近年まで不明にもかかわらず、微量なら安全として原子力開発が進められて来た。不明を安全にすり替えて来たと指摘される。[6] 原子力発電所の排出する微量な放射能の問題は長期的に影響を現す類いのものである。

(2) 被爆労働者[7]
原発で働く労働者の被爆は日常的となっている。原発は古くなるほど放射能が蓄積する。発電所全体の環境に放射能が広がる。作業環境の悪化とともに作業員の総被爆量が急増している。作業従事者の大部分は、下請け企業の従業員や日雇い労働者である。1975年、下請け労働者の被爆は90％近い。[8] 下請け労働者の無知を利用して危険区域での作業に従事させる傾向がある。社員のように定期検診もなく、また被爆手帳さえ交付されないなど無権利な状態に置かれている。労働者にとって日当が少し高い仕事であり、また仕事中に許容量を超えると作業から外されるのを避けるため、労働者自身が被爆量をごまかすことがある。

臨時労働者となった時から、被爆者線量については職業人として扱われ一般人の被爆基準から外れる。原発地元集団への被爆線量は臨時労働者への被爆という形で一挙に数十倍にも増える。[9]

労働者被爆の問題は遺伝的障害に関するかぎり労働者個人の問題ではない。その地域集団以上に、より広域の集団の問題である。遺伝学的には集団中の突然変異遺伝子の程度だけが問題である。集団の誰が被爆しようと数世代後を考えれば同じである。労働者被爆はすでに人類全体の将来を脅かし始めた。[10]

2. 廃棄物問題

　原子力発電所の増加、発電の継続は必然的に放射性廃棄物の増大を意味する。日本の50を超える原子炉からおびただしい廃棄物が出ている。ドラムカンに詰めて原子力発電所に貯蔵してきたが、貯蔵庫の収納能力を超える所がでてきた。一部は発電所より六ヶ所村の低レベル放射能廃棄物埋設センターへ移された。1999年3月末現在で200kgのドラム缶が日本全体で約90万本あると指摘される。[11] また、原子炉や発電所が巨大なゴミとなる。寿命がつきても放射能のゴミは残り、事故の危険性に終わりはない。

　放射性物質をいったん作ると、放射能を減ずる方法がない。化学、物理的処理も不可能であり、自然に減るのを待つしかないのである。[12] カーボン14は半減期が5,900年、ストロンチューム90は28年、放射能は永久に続くということである。それについて何もできない。安全な場所に隔離するしかない。原子炉により生みだされる膨大な放射性物質を置いておける場所はない。[13]

(1) 地下埋設処分

　固体廃棄物が各発電所の貯蔵庫に溢れる状況になってくると、そのドラム缶を地下に埋めるしかなくなった。地下埋設の施設を青森の六ヶ所村に作る計画が進められた。地下埋設処分は国や電力会社の考えでも300年以上の管理を必要とする。

　放射性の廃棄物を太平洋へ投棄する計画が立てられたが、投棄海域の周辺国の反対で、実施に移せず断念した経過がある。深海底に沈めても、生物により放射性物質を蓄積し、生物濃縮が起こり、人間に戻って来ることが予測された。

　フランスでは、放射性廃棄物の処分方法が確立したときの場合を考えて、いつでも掘出し可能の状態で地下埋設している。[14]

(2) 使用済み燃料および放射性廃棄物の管理の安全に関する条約

　「使用済み燃料および放射性廃棄物の管理の安全に関する条約」が1997年

に締結され、2001年発効した。[15] 先にIAEAで締結された原子力安全条約を見本としており、高い安全水準の確保と事故の防止を目的としている。[16] 本条約は、放射性廃棄物の処理と使用済み燃料管理の双方を規制対象としている。本条約第11条のiiでは、放射性廃棄物の発生は最小限とし、同条viiでは将来の世代に不等な負担をかけてはならないと規定した。同条viは特に現世代に対する負担より大きな負担を将来の世代にかけないことと明記した。これは、諸環境条約の内、もっとも強く将来世代に対する公平な負担を打ち出した規定である。[17] 南極地域での放射性廃棄物の処理廃棄物、使用済み燃料の持ち込みは、全面的に禁止される（第27条2項）。この条項は1959年の南極条約第5条の核物質持ち込みの禁止規定を再規定したのであるが、南極条約に加入していない本条約の加入国に効果を及ぼしうる。[18]

3．事故

1979年3月28日、米国ペンシルヴァニア州のスリーマイル島で炉心融解事故が起こった。炉心の冷却水がなくなり空焚き状態となり、燃料融解がはじまり、70％までとけた。最後に原子炉に水を入れることができたので、最悪のチャイナシンドロームを防止できた。

事故は大衆メディアにより報道された。起こり得ないと考えられていた事故が実際起こり、原発が安全であるとの開発者の宣伝は信頼を失った。市民に原発の危険を知らしめ、反原発運動に火をつけたのである。スリーマイル島事故により核エネルギーが否定的に見られるように変化したのである。[19] スウェーデンは国民投票で、原発廃止を決めた。米国では、原発の建設がすべて止まった。建設の契約は廃棄され、また新設の計画はゼロとなった。これ以来、米国の原発の建設は1基もない。

ウクライナ共和国にあるチェルノブイリ原発4号炉が爆発、炉内の放射性物質を大気中に吹きあげた。1986年4月26日午前1時23分のことであった。4号炉の低出力実験中、燃料棒が粉々に砕け加熱、水蒸気爆発により炉が破壊されたのである。

この4号炉の火災を止め炉を封じ込めるため、多くの消防士、兵士、労働

者が投入され、被爆者を増やした。原発周辺地域からの避難も始まった。食料品の放射能汚染がヨーロッパ全域に及んだ。

　事故はスリーマイル島、チェルノブイリだけでしか起こらなかったわけではない。西ヨーロッパの原発で起こった事故は、いくつかの例外を除いて公表されていないし、専門家による分析もない。[20] 事故は79年のスリーマイル島原発事故以来3万件以上も起こっている。

　日本では、1997年3月11日、動燃東海村事業所で再処理工場の火災、爆発事故があり、放射性物質が放出した。1995年12月、敦賀市の高速増殖炉もんじゅで冷却剤のナトリウム700キログラムがもれ、火災が発生した。もんじゅはこれ以来運転を中断した状態にある。この事故では、火災現場を撮影したビデオテープが運転者の動燃により隠された。

　事故が起こった場合でも、情報操作が行なわれ、真実がそのまま伝えられることはない。チェルノブイリの事故の発表は、スウェーデン国内の原発内のモニターが高い値を示したため、スウェーデン政府がソ連政府に問い合わせたことから事故が外国にに対して発表された。事故後、3日も経過していた。ゴルバチョフのもと、情報公開を始めていたソ連の状況下でも事故情報に操作を加えて発表していた。

　アメリカ、ヨーロッパ、日本のような工業国は原発の事故災害に関して危機的状況にある。何百という原発が存在することは、破局的事故の可能性が潜在的にあるからである。[21]

4．原子力の安全性に関する条約の成立

　1986年5月14日、ゴルバチョフは、原発の安全性についての国際制度を作る提案を行なった。国際原子力機関（Internatonal Atomic Enegy Agency）のあるウィーンで交渉が始まった。ウィーンにある国際原子力機関（IAEA）は1957年に設立された国際組織である。原子力の平和利用を促進する目的を持つ。問題は、チェルノブイリ原発の事故後であるだけに、よく認識されていた。6月30日、IAEA事務局は、各国の代表団に事務局案を示して、交渉が進められた。チェルノブイリと同じ事が起こり得るという予想

のもとに、核の安全性について何かをするという政治的決断を示し、国民の不安を鎮めることにおいて参加国の利害は一致していた。[22] 世論の圧力が高まり交渉は失敗できなくなった。交渉当事者は安全性に関する条約なしには、ウィーンから帰国できない状況になった。同年9月24日、IAEA総会で2つの条約案が採択された。原子力事故早期通報条約、原子力事故相互援助条約がこうして締結されたのである。条約の交渉から署名まで4ヵ月しかかからなかった。

5．エネルギーとしての効率性

　原子力発電は、核燃料を反応させ熱エネルギーを取りだし、お湯をわかして水蒸気を作りタービンを回し発電する。火力発電と同じ原理である。核物質を一気に反応させると爆弾、ゆっくり反応させると原発ということになる。原発の熱効率は32%、地球への放熱量が多い。残りは、熱汚染として環境へ放出されてしまう。

　原子は電気しか作れない。石油、石炭なら他の使い道もあるが、核燃料は発電しか用途がない。原発の建設費は火力発電所の2倍以上につく。また解体費用も建設費以上にかかる。したがって、すこしでも余計に稼働しないと採算が取れない。

　原発への集中投資が省エネルギーや自然エネルギー開発の投資を減らすように働いている。92年の予算では、原発に4,300億円、新エネルギーに500億円、エネルギー効率300億円であった。

　消費地と離れた所に大規模集中型の発電所を作ることは送電線を長くする。送電ロスが大きくなる。原発に有利な送電線網が作られる。発電した近くで利用されるという分散型電源は入り込めなくなる。太陽エネルギーなど自然エネルギーの開発を妨げるのである。

　原発は出力調整が難しく、常にフル出力で動かす。需要がなくとも発電するしかない。原発で出力調整ができないということは、他の発電所で調整しているということである。原発を増やせば、それに応じて他の発電所も増やさなければならない。余剰電力の捨て場として揚水発電所が必要となる。

原発が事故で止まった時のバックアップのためにも他の発電所を作る必要がある。原発が増えると他の発電所も増えて、その建設、運転に伴う炭酸ガスの放出も増える。

炭酸ガスの発生しないきれいなエネルギーが原発であるという宣伝が開発当局から流されている。炭酸ガスが出ないのは、原子炉内の核分裂反応の話である。核燃料サイクルという迂回する回路のなかでは、炭酸ガスが多量に出る。ウラン採掘、ウランの濃縮、原子力発電所建設、放射性廃棄物の処理と管理、送電線の建設など全体的に見なければならない。

日本の法律制度のもとでは採算性に関して、建設費がいくらかかっても、料金に上乗せして回収できる。地域独占企業であり競争がない。事故による補償については、責任限度額が設けられ、それ以上の責任は取らなくてもよい。廃棄物は、別組織に引き渡し、その時点で責任を逃れられる。このように原発の建設、稼働に関して政治的保護があるのでいくら経済効率がよくないとしても原発を中止する必然性はない。

6．核兵器

原発、核燃料の再処理工場を持っていること自体、核兵器をもっているのと同じではないか。原発を通常爆弾で攻撃しても、またそこに航空機が墜落しても、核兵器攻撃を受けるのと同じ効果がある。98年4月現在、52基（もんじゅを除く）[23]の原発が日本にあるとすれば、52個の原子爆弾を抱え込んでいるのと同じではないか。2006年3月現在、55基の商業用原子炉が稼動している。国土の安全という観点から由々しき問題である。

7．環境倫理の視点

原発や核燃料サイクルを動かすのは世界の破壊を準備しているのと同じではないか。[24] シューマッハは「Small is Beautiful」のなかで、生物全体に計算できない危険をもたらし誰も安全にすることができない放射性物質を多量に蓄積することは許されない、そのようなことは、生命にたいする冒瀆である、いかなる犯罪よりも重いと断ずると述べた。[25]

原発の放射能の恐ろしさはっきりしている。永年にわたって管理しなければならない。環境にばらまけないものである。こうした危険なものを二酸化炭素の議論のなかに復権させるのは危険である。[26]

(注)
1) 槌田劭「環境危機と人間」p. 14、差別とたたかう文化25号、1992年秋
2) 原子力委員会編、「原子力白書平成10年版」p. 149.
3) こうした放出による、周辺の環境放射線の増加は年間5ミリレム以下に押さえるとされている。政府は原発周辺の環境放射線量被爆の対外被爆量を年間5ミリレムと設定した。
4) 市川定夫、「微量放射線の生物学的医学的危険性」p. 149、原子力発電の危険性、技術と人間、76年
5) 市川　同上、p. 149.
6) 市川　同上、p. 138.
7) 井上啓、「原発労働者の被爆の構造と実態」p. 158.
8) 市川、同上 p. 149.
9) 市川、同上
10) 市川、同上 p. 147.
11) 大野弘「放射性廃棄物の行く末と私たちの未来」京都反原発めだかの学校学習会報告、2002年10月
12) Schmacher, "Small is Beautiful", p. 144, Harper Perennial, 1989
13) 同上
14) 真下俊樹、「原子力大国フランスを揺さ振る変化の波」p. 126、核燃料サイクルの黄昏
15) Birnie, Boyle, "Internatioanl Law and the Environment", p. 463, Oxford University Press, second edition, 2002.
16) 同上
17) 同上、p. 464
18) 同上
19) Gunnar Sjostedt, "Negociations on Nuclear Pollution : The Vienna Conventions on Notification and Assistance in case of a Nuclear Accident," p. 77, International Environmental Negociation, SAGE PUBLICATIONS, 1993
20) リチャード、「原発事故はどう起こるか」p. 42　92年原子力情報室）
21) リチャード、同上、p. 48
22) Gunnar Sjostedt、同上、p. 63,
23) 「原子力白書平成10年度版」p. 384
24) 西尾、同上、p. 79
25) Schumacher、同上、p. 154
26) 槌田、同上、p. 6.

第19章　日本の原子力発電開発政策

はじめに

　日本の原子力発電開発政策の直面する問題を検討したい。21世紀のエネルギー開発論争のなかで原子力をどう考えればよいのであろうか。
　2003年1月27日、名古屋高等裁判所金沢支部が高速増殖炉もんじゅの設置許可を無効とした判決、2003年4月に東京電力の17基の原発がすべて停止したこと、電力会社の定期点検における調査結果の改竄（事故隠し）、それに対する規制機関の不十分な対応、JCOの臨界事故、プルトニウムの蓄積、放射性廃棄物の処理など問題は山積になっている。
　まず2003年1月27日の「もんじゅ」判決の意義を検討する。日本の裁判所は行政権の行使に対して常に肯定的な判決を下してきた。しかし、もんじゅの設置許可にたいして初めて、違法であるとの判断を示した。
　プルトニウムを使用するもんじゅは1995年12月のナトリウムもれ火災事故以来、停止している。プルトニウムを現在稼働中の軽水炉で使用するプルサーマル計画も中断している。使用済み燃料の再処理によるプルトニウムの確保を図って来た日本は、使い道のないプルトニウムの増加の問題に直面している。核兵器の製造にはプルトニウムは不可欠であり、プルトニウムの保持は核兵器開発の意図を推定せしめる。日本がプルトニウムを何十トンも保持していることに対して国際社会は疑惑を抱きだしている。
　第2にシュラウド（炉心隔壁）のひび割れなどの検査結果を隠蔽するなどの電力会社の事故隠しが内部告発により明らかになり、原発再点検を余儀なくされたことによる操業停止の問題を見る。原発開発機関の事故隠しは常に観察されたが、電力会社による組織的なデータの改竄、隠蔽が暴露されたことは核技術の危険性をさらに高めた。
　第3に原子力発電所の新規建設の問題を見る。2003年現在既存の原発の敷地内に新たに3基が建設中であったが2006年までに完成した。まったく新しい場所に原発を立地することは、住民の反発が強くつまずく例が多い。原発

図3　原子力発電所（商業炉）の立地
　　　2006年3月6日現在

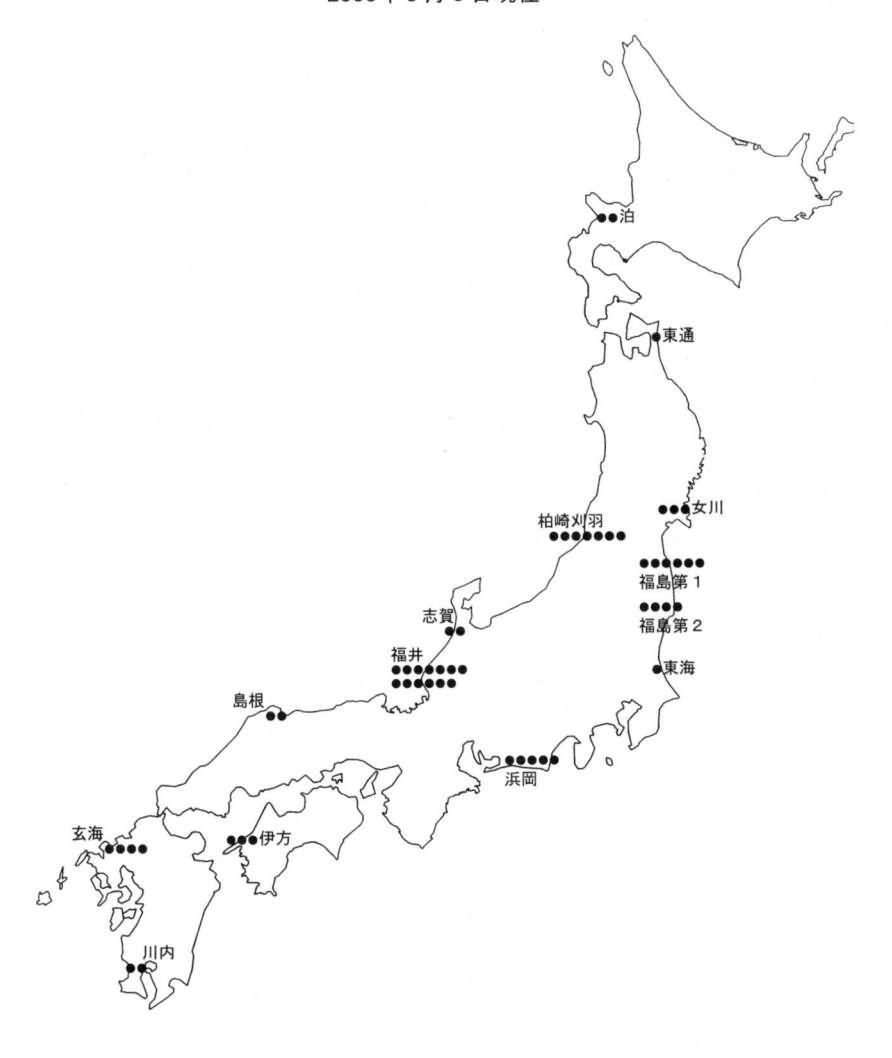

受け入れ地の自治体に財政上の援助を与えて原発の立地を容易にする法律上の措置がとられている。なかには財政的利益をあてにして、原発関連施設の誘致に動く自治体もある。

第4に永久処分地の問題である。原子炉の稼働、さらには解体は多量の廃棄物を生む。その廃棄物処分の技術的処理法、場所が未定という状況がある。とりわけ数百年、数千年の隔離を要する高レベル放射性廃棄物の地層処分地を探している段階である。廃棄物の処理方法、処分地のめどなく原発を増設し続けることは無責任にすぎはしないだろうか。

第5に諸外国の事例をとおして日本の原発の状況を探る。

1．高速増殖炉開発の挫折

(1) もんじゅ事故

高速増殖炉はプルトニウムを反応させ、液体ナトリウムにより熱を取るまったく新しい原発である。福井県敦賀市の半島の先端にある白木に動燃（動力炉・核燃料開発事業団）が設置、運転を開始した。反対運動は、もんじゅの内閣総理大臣による1983年5月27日付設置許可に対して無効確認と、操業停止を求めた。[1] 1985年9月26日のことである。

もんじゅは完成し、94年に臨界に達した。専門家から危険性の指摘があいついだ。95年11月18日、福井地裁で科学技術庁顧問の斎藤仲三が国側証人としてもんじゅの安全性を強調した。[2] 1ヵ月後の95年12月8日、もんじゅからナトリウムがもれ火災が発生した。

事故の現場を撮影したビデオを動燃が隠し、そののち改竄したことがわかった。[3] この事故によりもんじゅは操業を停止し、今日に至っている。

(2) 高裁支部の許可無効判決

2000年3月福井地裁はもんじゅ設置許可の無効確認の訴えを棄却した。これに対し原告団は名古屋高裁金沢支部に控訴し、2003年1月27日の勝利判決を得たのである。[4] 原告は住民32名。

安全性審査の誤り、欠落があり、炉心崩壊の恐れありとした。請求棄却し

た地裁判決を取り消しもんじゅの設置許可処分を無効とする判決を下した。
　この判決は、日本で初めて原発の建設を違法としたものであり画期的である。
　政府はこの判決を不服として最高裁判所に上訴し、あくまで許可処分の有効性を主張する。最高裁の判決前でももんじゅの改良工事を実施すると言明し、もんじゅの推進を政策としている。[5]
　行政処分に重大かつ明白な誤りがあれば処分は無効というのが通説である。73年の最高裁判所の判例「特別の事情があれば明白性は必要とされない」を引用し、本件の無効判決となった。もんじゅのなかに大量のプルトニウムが含まれており、安全審査に重大な誤りがあれば、付近の住民に脅威が生ずる。この潜在的危険性が特段の事情にあたるとし無効との判断を導いた。[6] 最高裁での争点の1つはこの判断の是非である。

(3) 最高裁はもんじゅ設置許可処分を適法と判断
　2005年5月30日、最高裁判所はもんじゅの設置許可処分を無効として、高等裁判所の2審を破棄し、国の主張を全面的に認める判決を下した。[7] 行政の判断を信頼するこれまでの裁判所のやり方を踏襲した。もんじゅの運転再開に向けての作業がいっそう進む事態となった。

(4) プルトニウムのリサイクル停止
　もんじゅはプルトニウムを使用する炉であり、操業の停止はプルトニウムの利用の停止を意味する。通常原発の使用済み核燃料を再処理してプルトニウムを取り出すのはもんじゅのためである。もんじゅの停止はこの核燃料のリサイクルを狂わすことになった。プルトニウムが余る現象である。プルトニウムはきわめて危険な有害物質であり、核爆弾を作る原料である。国際的にプルトニウムの所有は大量破壊兵器開発の疑惑を招く。
　日本は英国、フランスの再処理工場で約30トンのプルトニウムを取り出してもらう契約をしている。まずこのプルトニウム30トンを使い切る計画がないと六カ所村の再処理工場建設の意味はない。ここでは、年間8トンのプル

トニウムを40年間、抽出できる。敦賀市にあるふげんは2003年3月29日、29年にわたる運転を停止、解体されることとなった。[8] プルトニウムを使用しているのは、大洗町の「常陽」のみとなった。常陽は小型の実験炉にすぎない。

何としてもプルトニウムを使うことが要請される事態になり、政府は止むなく通常の原発でプルトニウムとウランを混合して使用することとした（プルトニウムウラン混合酸化物　MOX）。ところがMOXにも不都合がでて止まっている。関西電力の注文したMOXの燃料加工工場（英国核燃料公社）でのずさんな管理が明るみにでて、関西電力は契約を解除した。新潟県、福井県はMOXを既存の原子炉で使用することを認めないと通告した。

プルトニウムを使用するもんじゅが止まり、MOXによるプルサーマル計画が停止したことは、プルトニウムのリサイクルの流れが止まったことを意味する。

そうすると使用済み核燃料の再処理工場を六ケ所村に建設しているのは、まったく無意味となる。六ケ所村の再処理工場の建設費は2兆1,400億円を越えている。[9] 再処理費用は英国、フランスで1トンあたり1億円、ここでは3億円かかる。[10] さらに40年間の運転後廃棄するのに10兆円8,000億円かかる。[11] 六ケ所村の再処理工場は、100万kwの原発が1年の運転で生み出す放射能を1日で出すのである。[12] ガラス固化しなければならない廃棄物以外に、大気、水中に放射能を撒き散らす。[13] この再処理施設にたいしては、核燃料サイクル阻止1万人訴訟が仙台高等裁判所で審理中である。

(5) 日本だけの開発

高速増殖炉の開発を続けるのは、ドイツ、フランス、米国、英国の撤退が続く中、もはや日本だけという状況になっている。名古屋高裁支部のもんじゅ設置許可の無効判決、もんじゅのナトリウムもれ火災事故（95年）以来の運転停止にもかかわらず、政府はなおも高速増殖炉の開発をやめない。

2．東京電力全原発の停止

2003年4月15日、東京電力の17基の原発すべてが停止した。[14] 夏の需要が高まる時期に電力不足が憂慮される事態になった。幸いにも冷夏がきて、夏の電力需要ピークは高くならず、また数基の原発の再稼働が可能となり首都圏の停電は免れた。5月9日柏崎刈羽6号機が発電を再開、2003年9月10日現在、東京電力所属の6機の原発が稼働している。

2002年の8月末から相次ぎ東京電力の不正な報告が見つかった。80年代後半から90年代前半にかけて13基の原発の自主点検記録をごまかしたのであり、29件のトラブルが隠されていたのである。[15] 内8基は修理する事無くそのまま運転していた。おもに下記の2種類の破損があった。

　a．原子炉圧力容器内にあるシュラウド（炉心隔壁）は燃料棒を蔽うマントのようなものである。ここにヒビ割れが見つかった。核燃料の破損につながる。

　b．再循環径配管のひび割れ：冷却水の喪失につながる。冷却水が炉心からなくなると、空焚きが起こる。

これは内部告発により明らかになった。その内部告発は2年前になされたが経済産業省の原子力安全・保安院（以下保安院）は2年かけて東京電力の不正報告をやっと認知し、発表したのである。内部告発は原子炉等規制法の改正により、法令違反の事実を内部告発した者に不利益な取り扱いをしてはならないとの規定ができて直後のものであった。

保安院はのらりくらりと調査をし、2002年8月29日に29件の不正を発表した。シュラウドや炉心の機器がヒビ割れしているのに運転している事が明らかになった以上、停止して点検せざるを得ない状況になった。この点検、修理のため東京電力の全原発が停止したのである。

そもそも原発を開発する立場にある経済産業省が原子力の安全性についても責任を有する原子力安全・保安院を設置したことは矛盾であるという指摘がある。本件において内部告発を受けた保安院は告発者の身元を東京電力に提供したり、法にもとづく立ち入り調査をしていないなど、およそ保安院の

本来の役割を果たしていないことも明らかになった。保安院は電力会社を守る組織なのかとも思える。

　もっとも東京電力の電気供給量は過剰であり、同社全体での設備利用率50％という状況である。1,000万キロワットの余剰がある。[16]

　不正報告は東京電力の組織ぐるみの不正であり、2002年10月、会長、社長ら4首脳は辞任することになった。[17] その後、中部電力、東北電力も同様の不正報告が発覚した。[18] さらに日本原電、四国電力、中国電力の隠蔽も発覚した。

　この事件により東京電力は、プルトニウムをウランにまぜて燃やすプルサーマル計画を延期せざるを得なくなった。地元自治体たる新潟県、柏崎市、刈羽村は2002年9月12日プルサマール計画の事前了解を撤回した。福島県知事も10月7日、平沼経済産業相と原子力委員長にプルサーマルを白紙に戻すと通告した。[19] プルサマール計画は停止、核燃料サイクル政策が破綻したと指摘される。しかし、国は決してプルサーマル計画をあきらめたわけでなく、推進する立場にある。2006年3月26日、佐賀県と玄海町は九州電力玄海発電所3号基のプルサーマル計画を承認した。（日本経済新聞朝刊、06.3.27）

　さらに影響を受けたのは新規原発の建設計画である。福島第1原発の7、8号基、東京電力の東通村の1、2号基、日本原電の敦賀3、4号基、大間原発1号基の合計7基の建設着工が1年遅れることになった。[20]

　95年もんじゅ、97年東海再処理工場火災爆発と配管焼鈍記録の改竄捏造、98年使用済み燃料輸送容器の放射線遮断材製造記録の改ざんねつ造、99年JCOの大事故があった。事故のたびに事故隠し、不正が明らかになった。これらは内部告発で判明したもので、今回の事件も例外でなかった。

　原子力安全・保安院は不正防止策として傷があっても安全と評価される場合は、そのまま運転を認める「許容欠陥評価」を導入しようとしている。この安全規制の緩和により、傷があってから補修する制度に変えられた。

　都合の悪いことを隠すのは人間の心理である。電力会社が不都合を隠さないはずがないと日頃から考えていた。東京電力の原発17基すべての停止はきわめて歓迎すべき事である。原発がなくとも、生活が成り立つことを示した

のである。

3．新規建設、営業運転の開始

　2006年2月現在、青森県東通村での東北電力による東通1号基（2005年12月）、静岡県浜岡町浜岡5号基（2005年1月）、石川県志賀町市志賀2号基（2006年3月）の営業運転が始まった所である。[21] 2006年3月24日、金沢地方裁判所は志賀原発2号基の運転の差し止めを命ずる判決を下した。（朝日新聞朝刊、06．3．25）さらに工事に入るための土地の手当てを済ました泊3号基、島根3号基がある。また、敦賀3、4号基の増設計画がある。[22] 地元敦賀市は電源交付金獲得のため積極的である。福島第1原発7、8号基も地元の誘致がある。[23] 東京電力による東通1号機、2号機も建設準備が整っている。

　敦賀市には、日本原電と旧動燃の原発建設、設置により720億円の固定資産税（71年から98年）が入った。[24] これは市の固定資産税収入全体の65％にあたる。電源立地促進対策交付金が110億円（73年から97年）はいった。原発による歳入は人口6万7000人の敦賀市にとり、毎年1人あたり130万円に相当する。

　ところがこの交付金は7年でなくなる。そこで原発の増設をまた求めることになる。福井県の美浜町には3基の原発があるが、地元議会は2001年関西電力に増設を求める決議をした。[25] さらに原発による地元への資金援助を手厚くするために2000年原子力発電施設等立地地域の振興に関する特別措置法が成立した。原発の隣接市町村にも特別の財政的処置を講ずることが可能となった。このように原発立地にあたっては現金による地元対策が制度的にしっかり取られている。

　日本の地球温暖化防止対策は国連気候変動枠組み条約、京都議定書の批准により正式なものとなった。その対策として原発の増設によるとする方針が掲げられた。2010年までに20基の増設を日本政府は言明した。[26] これは日本独自の主張である。他締約国の賛同を得たものではない。もともと原発の増設計画があったところ、温暖化の問題がでてきたのでこれに便乗したものと考

えられる。もっとも20基の増設は非現実的で、新規の立地はきわめて難しい。
　新しい土地での原発の立地は地元の強力な反対によりかなり困難となっている。三重県海山町、新潟県巻町は住民投票により拒否を表明した。すでに原発がある地区で増設という形で建設が進んでいるにすぎない。青森県東通村、大間町は地元が誘致しているが、電力の需要地が1000キロ以上はなれており、採算性が悪く建設が進まない。
　政府はもんじゅについては、再稼働、実験の再開を狙っている。毎年予算をつけて修理し、再運転を準備している。もんじゅに続く高速増殖炉の商業炉開発については、有力な選択肢の1つとして、具体的日程を示すことなく建設予定を政府は明記している。

4．核廃棄物の永久処分地を求めて

　原発の運転の結果生みだされるのが放射性廃棄物であり、その処理をどうするのかが問題になっている。廃棄物の処理については十分な研究開発がない状態である。新しい開発については研究をすすめるが、ゴミについては後向きの問題でありだれも真剣に考えなかった。[27] 原発はトイレなきマンションといわれてきたのはこのことをさす。
　低レベルの放射性廃棄物はドラムカンにつめて発電所の倉庫に保管してきたが、収容能力を越える事態がでてきた。そこで六ヵ所村の施設に搬入を開始した。ここでいう低レベル放射性廃棄物は高レベル廃棄物以外の廃棄物である。高レベル廃棄物は使用済み燃料を再処理したあとの廃液とそれをガラス固化したものを言う。[28]
　高レベル放射性廃棄物は数百年以上の隔離が必要であり、その処分方法についてはいまだ確立した技術がない。以前海洋投棄が考えられたが、きわめて危険として、国際的に投棄を禁止する体制ができた。陸上処分しか考えられなくなった。とりあえずガラスで固めて金属のキャスターに入れ地層の安定した地下に封じ込める方法しかない。
　2000年5月には「特定放射性廃棄物の最終処分に関する法律」を作り、その処分地をこれから探す方策を講じた。受皿機関として原子力発電環境整備

機構をつくり、全国の自治体に最終処分地の受け入れを呼び掛けている段階である。[29] 特定放射性廃棄物とは、高レベル放射性廃棄物のことである。原子力発電環境整備機構は独自に適地を調べているもようである。究極の有毒ゴミをどこも進んで受け入れようとはしない。北海道は条例により最終処分地を受け入れないことをすでに明らかにしている。

　たまる一方のゴミは各発電所に保管してきたが、増大する核ゴミの保管場所がなくなりつつあった。発電所外へ搬出して、どこかで保管するしか方法がない。とりあえず、六ヶ所村にドラム缶に詰めた低レベル放射性廃棄物を処理する場所を確保したので全国の原発から核廃棄物ゴミが搬入されている。ガラス固化された高レベル放射性廃棄物については青森県は永久保管でなく、永久処分地が見つかるまでの暫定的な置場ということで搬入を認めている。下北半島にあるむつ市は、使用済み核燃料の中間貯蔵施設の提供を申し出ている。[30] むつ市には、原子力船むつの解体された原子炉および解体から出た放射性廃棄物を保管している施設がある。

　核燃料サイクル開発機構（旧動燃）は高レベル廃棄物のガラス固化、地層処分（地下300メートル以上の岩盤の中に封入）を研究中である。同機構は、2005年10月原子力研究所と統合され日本原子力研究開発機構となった。

　今後、永久処分地をどこにするのかの決断を迫られることになる。

　処分にともなう費用の負担、事故を起こしたときだれが責任を負うのかについて、微妙な問題が解決していない。放射性廃棄物を発生させた電力会社が責任を負うのが当然である。しかし、電力会社は国にその責任を転嫁した。原発の開発は国の方針に従ったものであるから最終的には国が責任を取るべきであるとは、電力会社の言い分である。[31] 特定放射性廃棄物の最終処分に関する法律によれば「業務困難の場合」国に業務の一部または全部を引き継ぐと規定した。

5．諸外国の事例をとおして
(1) 米国の動向
　米国では1979年のスリーマイル島の原発事故以来、原発の建設がない。[32]

経済的に原発が引き合わないためである。電力供給体制は規制緩和のため、激しい競争にさらされ少しでもコストの安い発電所を建設しないと生き残れない事情にある。事故の場合の責任を担保するための保険金の支払い、放射性廃棄物の処理費用の負担をいれると原発はきわめて高価な発電方法であり引き合わないということである。

　米国のカーター政権は高速増殖炉の開発計画を中止した。核兵器の拡散を招くことになるプルトニウムの拡散を恐れたためである。高速増殖炉はプルトニウムを使用する炉であり、原発からでる使用済み燃料の再処理よりプルトニウムを取り出す過程が必要となる

　米国政府は2003年7月高レベルの放射性廃棄物の最終処分地をネバダ州のユッカマウンテンに決めた。[33] いわゆる地層処分地であり、永久的に放射能を封じ込めるためである。200メートルから300メートルの地下にトンネルを堀り、ここに廃棄物を貯蔵する。これに対しネバダ州は反対し連邦地裁に異議を申し立てている。

(2) ドイツの廃炉決定[34]

　東西ドイツ統一後、東ドイツの原発をすべて廃止した。安全性に問題があるとされたからである。98年10月、総選挙でSPDと緑連合（Bündnis90／Grünen）の連立政権が勝利した。緑の党は原発の廃止を公約とし連合政権に参加、脱原発の方策を求めた。2000年6月14日、ドイツの連邦政府は電力事業者4社と脱原発について合意した。既存の19基の原発の稼働機関を32年に制限し、順次廃炉とする。新規の原発については建設を認めない。使用済み核燃料の再処理を2005年より禁止、この使用済み燃料を当該原発敷地内または近隣に建設する中間貯蔵施設に保管する。ゴアレーベンの高レベル廃棄物最終処分地の試掘調査は安全性技術の問題が可決されるまで、3〜10年間中断する。政府は原子力法から平和利用促進目的の条項を削除し、商業発電から秩序ある撤退を目的とする。

　こうしてドイツでは脱原発の路線が敷かれた。もっとも即時廃止を主張する緑連合の派もあり、緑の党内でずいぶん議論があった。

ドイツではカルカーで高速増殖炉の建設をすすめていたが、強力な反対運動の結果、建物が完成していたにもかかわらず廃炉とした。91年のことである。カルカーにある施設はテーマパークとなっている。

　シュレーダー首相は、1998年11月11日連邦議会で下記の声明を出した。

　「原子力エネルギーの利用は社会によって受け入れられない。経済的観点から意味がない。秩序ある原発からの撤退を行なう。ドイツ政府にとって原発廃止は主目標ではない。むしろ将来のあるエネルギー政策に到達することである。核エネルギーの削減は段階的におこなう。」[35]

(3) ヨーロッパ諸国の動向

　ヨーロッパ連合を見ると原発は確実に減る傾向が明らかである。表1にみられるように2020年には原発の縮小がはっきりでている。

表1．全発電における原発の比率

	1998年	2010年	2020年		1998年	2010年	2020年
ドイツ	28.5%	20.0%	5.9%	アイルランド	0.0%	0.0%	0.0%
オーストリア	0.0%	0.0%	0.0%	イタリア	0.0%	0.0%	0.0%
ベルギー	54.3%	54.0%	20.0%	ルクセンベルグ	0.0%	0.0%	0.0%
デンマーク	0.0%	0.0%	0.0%	オランダ	4.0%	3.7%	3.5%
スペイン	37.1%	24.9%	9.2%	ポルトガル	0.0%	0.0%	0.0%
フィンランド	28.0%	21.5%	10.0%	英国	28.6%	15.9%	9.8%
フランス	75.5%	77.0%	66.8%	スウェーデン	46.1%	0.0%	0.0%
ギリシャ	0.0%	0.0%	0.0%				

cea, "informations utiles", edition 2001, Part nucleaire dans la production d'electricite des pasys d'eau, p.24 より

　フランスはヨーロッパ最大の原発所有国である。核エネルギー庁が原子力兵器と原発双方を管轄、開発にあたってきた。オイルショック以降、とくに原発の増設をめざし、全電力の75%を原発によっている。高速増殖炉の開発にも力を入れてきたが、ナトリウム漏れ事故が続いた。1998年、高速増殖炉

スーパーフェニックスの開発を断念した。巨額な投資にみあう効果がないと判断したのである。[36] 投資額は1兆2,500万円にのぼった。廃炉には3,600億円がかかるという。さらに原発の新規建設に抑制をかける変化が見られる。

チェコ、スロバキア、ハンガリー、リトアニア、スロヴェニア、ルーマニア、ブルガリアの東欧諸国の原発がある。この内チェコ、スロヴァキア、ハガリー、スロヴェニアはヨーロッパ連合に加入が決定しておりヨーロッパ連合の環境基準に合う管理が要求される。

(4) 東アジアの動向

東アジアの原発は増設傾向にあり、やがては世界一の原発センターになる。韓国では14基の原発が稼働中で全発電量の43%を占める。

台湾では3ヵ所6基の原発が稼働している。全発電量の約30%を占める。さらに第4原発2基が台湾北部の貢寮に建設中である。2002年3月、民進党から出た陳水扁が総統に選出されたとき、建設中の第4原発の中止が発表された。原発を台湾からなくすという選挙の公約によるものであった。しかし、立法院の多数派国民党の反対により、第4原発の建設再開を認めざるを得なくなった。[37] この第4原発2基の建設を日本の日立、東芝、三菱重工が請け負っている。日本から輸出されるのは改良型沸騰水型炉（ABWR 135.6万キロワット）で柏崎原発6、7号とおなじ型である。

日本国内の原発建設が鈍化し、注文の減少に悩むメーカーにとってアジアへの原発輸出に活路を求めている。政府と一体となって原発の輸出をねらっている。

中国は9基の原発が広東省の大亜湾、泰山などで稼働中であるが、2基が建設中、16基の建設計画がある。2020年には4,000万kwの計画がある。

このように東アジアではこれから原発の数が著しく増加する傾向が明らかである。

おわりに

地球的規模の環境問題として、酸性雨、オゾン層破壊、気候変動、砂漠化、

海洋汚染、熱帯林の破壊が例示されるが、放射性廃棄物の増大や核兵器の脅威も無視されてはならない。

名古屋高裁金沢支部のもんじゅ設置許可の無効判決は日本で司法権として初めて原発を否定した。しかし、現政府は強い意欲で開発を進めている。原発関連官僚機構、原子炉メーカー、電力会社は、もちろん前へ進むことしか考えていない。

多額の予算が原発に投入されている。2003年度の原発予算は文部科学省3,108億円、経済産業省1,720億円である。[38] 原発の発電原価にはこの税金は計算に入っていない。これほど多額の予算をかけているエネルギーは他にない。敦賀市にある日本原電の4,770億円かけて作られたふげんは2002年12月廃炉となったが、解体処理費用は数千億円が見積もられている。[39] ふげん解体による放射性廃棄物39万トンの処理先は決まっていない。

原発開発機関たる核燃料サイクル開発機構、電力会社に虚偽の報告、事故隠しのうそが多いことが問題である。内部告発にたいする緊張のない規制機関の対応もまた気になる所である。[40]

住民投票による原発の建設拒否は巻町、海山町などで見られた一方で、青森県の大間町、東通村、むつ市（中間埋蔵施設）、山口県の上関町の誘致が見られる。原発受け入れによる交付金への期待が大きいからである。

原発がきわめて危険な技術であり、開発により得られる利益より、はるかに損失が大きいと、わたしは考えている。この考えはすでにヨーロッパ諸国の脱原発の流れの底流にある。

核兵器の使用は全人類と多くの生物を地球から抹殺できる。それと同じ技術を使い発電をおこなっている。放射能という生物にとってきわめて危険な物理力を必ずしも制御できない状態で原発が利用されている。放射性廃棄物の増大は隔離するより管理の方法がない。管理の技術が確立されていないのに、その量を増加させているのである。ウランの採掘、加工、運搬、原発の運転、放射性廃棄物のすべての過程において危険をともない、将来の世代に放射性物質を残すという核技術の利用は人類の生存にとって負の遺産と考える。とすると最大の問題は、原発の推進政策がいまだ止まらないことである。

第二次世界大戦において勝利の見込がないのに戦争を最後まで推進した日本政府の影がちらつくのである。2発の原子爆弾の投下の前に降伏を余儀なくされた日本政府の経験が浮かぶ。原子力エネルギー開発政策の停止には、チェルノブイリ級の事故が日本にも必要なのだろうか。

社会民主党のみが脱原発を政策としている。共産党はプルトニウムの利用の高速増殖炉プルサーマル計画には反対するものの、原子力エネルギー増大については再検討を求めるとしている。民主党は慎重に原子力利用を推進するとしている。ドイツで起こったような政権交替による脱原発への転換は社会民主党が政権を取らないかぎりありえないという事であろう。

省エネルギー対策、安全なエネルギーを求めることが要請される。人間中心主義、経済成長から共生と生態系中心主義への転換の必要性が忘れられてはならない。[41]

(注)
1) 吉村清「ふげんともんじゅ」p.141、反原発運動マップ、緑風出版、1997
2) 原子力発電に反対する福井県民会議「高速増殖炉の恐怖」p.465、緑風出版、1996
3) 吉岡齊「原子力の社会史」p.238、朝日新聞社、1999
4) 読売新聞、2003年1月28日
5) 朝日新聞、2003年9月1日
6) アイリーン・スミス「日本の原子力政策を問う」p.11、軍縮問題資料、2000年6月号
7) 朝日新聞、朝刊、2005年5月31日
8) 毎日新聞、2003年3月30日
9) 山田清彦「下北核半島危険な賭け」再処理・核燃サイクルの行く末 p.66、創史社、2003年
10) 山田　同上　p.83
11) 同上　p.83
12) 同上　p.83
13) 同上　p.84
14) 朝日新聞、03年4月15日
15) 朝日新聞、02年8月30日
16) 反原発運動全国連絡会「知ればなっとく脱原発」p.226、七つ森書館、2002
17) 毎日新聞、02年9月3日
18) 毎日新聞、02年9月20日夕刊
19) 朝日新聞、02年11月13日
20) 毎日新聞、03年3月27日

21) 北陸電力、www.rikuden.co.jp、中部電力、www.chubu.co.jp、東北電力、www.tohoku-epco.co.jpyori より
22) 鎌田慧「原発列島を行く」p.72、集英社、2001
23) 反原発運動全国連絡会、同上　p.225
24) 鎌田、同上　p.76
25) 毎日新聞、01年12月22日
26) 高木仁三郎「原子力神話からの開放」p.190、カッパブックス、2000
27) D. Wells, "Environmental Policy", p.106, Prentice Hall, 1996
28) 西尾漠「原発のゴミはどこにいくのか」p.8　創史社、2001
29) 朝日新聞、02年12月20日
30) 西尾漠　同上　p.51
31) 西尾漠　同上　p.20
32) 舘野淳「廃炉時代が始まった　この原発はいらない」p.36、朝日新聞社、1999
33) 毎日新聞、2002年7月24日
34) 反原発運動全国連絡会議「知ればなっとく脱原発」p.235-236、七つ森書館、2002
35) Jean-Paul Picaper, "Nucleaire l'Europe partagé", p.280, Ramasay, 2001
36) 福武公子「いま世界の高速増殖炉は？」p.158、知ればなっとく脱原発　七つ森書館　2002
37) 毎日新聞、2002年2月14日
38) http://kokai-gen.org/information/9_31.-html　03.9.16
39) 毎日新聞、2003月30日
40) 原子力安全白書平成14年度版　p.9, 2003
41) 榊原英資氏も「半歩遅れの読書術　成長の限界」日本経済新聞、2003年9月21日の中で同趣旨のことを語る。

参考文献
・長谷敏夫「暴走する日本の原子力エネルギー開発政策」環境市民　みどりのニュースレター、2001年12月号

第20章　軍事問題と環境

1．軍事費

　世界各国の軍事費の総計は、1985年に9,000億ドル（90兆円）に達した。[1] これは、人間の殺傷を目的とする公共支出である。国家予算における軍事費の割合は国により異なる。地球の資源がもっとも破壊的に使用されているのは軍事部門ではないか。世界の森林保護のための行動計画の年間の予算が15億ドル（1,500億円）[2]で、これは世界の軍事予算の約半日分に相当する。

　原子力潜水艦、核兵器の廃棄にも多大の費用を必要とする。軍事基地はまた汚染源として地域住民の迷惑施設になっている。米国の核兵器生産施設は、核兵器の原料を生産、精製し、兵器の組立て、実験をおこなってきた。そこでの作業員の被爆、環境汚染、人体実験が明らかにされ、多くの主要施設が運転の停止においこまれた。[3]

2．軍事基地

　軍事基地では航空機や車両、ミサイルなどの整備と洗浄に大量の油類と洗浄剤を使っている。放射性物質、化学物質、重金属などにより土壌と地下水が複合的に汚染されている。[4]

　96年4月10日に3,140人の基地周辺の住民は東京地方裁判所に横田基地の騒音の差し止めを米国、日本政府を被告として求めた。厚木基地の騒音も訴訟がつづいている。米海軍基地のある横須賀港では、原子力船の寄港、核兵器の持ち込みなどが懸念される。横須賀基地では1988年にPCB、重金属の汚染が判明している。

　米軍基地の集中する沖縄では事態はいっそう深刻である。在日米軍の専用施設の75％が沖縄にある。沖縄本島の20％が米軍基地である。[5] 沖縄の住民は実弾演習による騒音、山林火災、土壌流失、海洋汚染、米軍兵士の犯罪などに悩んできた。本島中央部に位置する東洋最大規模の嘉手納基地では、PCBによる汚染事故が少なくとも2度あった。[6] 1983年、601人の住民は嘉

手納基地の騒音差し止めを求める訴訟を起した。夜9時から朝7時までの飛行禁止と6億円の損害賠償を求める訴訟であった。

　米軍から返還された恩納通信所の跡地から、高濃度のPCBやカドミウム、水銀など11種の有毒物質が見つかった。[7] この汚染物質の問題のために跡地の再利用ができない。浄化する責任は米軍にはない。日米地位協定第4条により、米軍は汚染地を処理する義務をまぬがれているからである。米国内の基地であれば、スーパーファンド法により国防総省の責任で浄化される。汚染の実態や浄化の過程は、情報公開されるのが米国内の状況である。米軍基地の環境保護に関しては、日本の法も、米国内の法も、適用されないのである。[8]

　那覇港がコバルト60で汚染されていることが判明した。[9] コバルト60は半減期503年のアルファー線を出す放射性物質である。

　フィリピンは米軍基地をすべて撤去した。閉鎖されたスービック、クラーク両基地は汚染の調査や浄化なしに商業地域に転換された。そこで原因不明の皮膚病が発生し、フィリピン政府と米政府の交渉がつづいている。[10] 湾岸戦争で米軍は大量の劣化ウラン弾を使用した。戦車の装甲をも貫く威力があるためである。劣化ウランは放射能を出し、今もイランの大地と大気を汚染している。

3. 戦闘行為

　戦闘行為が始まれば、戦闘団体は環境への配慮なく、目的達成のためあらゆるものを破壊する。ベトナムに軍事介入した米国は、おびただしい爆弾と枯葉剤をベトナムにまいた。1967年だけで、39万ヘクタール、13,000kℓを撒いた。[11] ベトナム戦争での米軍の行為は、エコサイド（生態学的虐殺）として批判された。枯葉剤にはダイオキシンという有機塩素系の猛毒がふくまれていた。水頭症や無頭症の胎児が、枯葉剤を浴びた地域に多く生まれている。[12] しかし、この問題にたいし米国は、米軍行方不明者の捜査にしめす程の興味も示していない。

　湾岸戦争（1990-91年）により、クウェート、イラクの国土、ペルシャ湾

の大気、海水は異常な汚染をみた。1991年1月、米軍はイラクの原子力施設をすべて破壊したと発表した。[13] イラクで稼働中の原発の破壊により大量の放射能を周辺地域にまき散らした。1977年のジュネーブ議定書は原発への攻撃を禁止している（追加議定書第56条）。国連総会の1990年の決議は、保障措置を施された核施設に軍事攻撃をしてはならないとしている。保障措置とは、核拡散防止条約にもとづいてIAEAの査察を受けている施設のことである。日本の原発や再処理工場、貯蔵所はIAEAの査察を受けているので、国際法上軍事攻撃が禁止されている。しかし、現実に原発が攻撃される可能性を否定できない。保障措置を受けたイラクの核施設は、湾岸戦争時、米国軍により攻撃されたのであるから。[14]

4. 地雷

地雷は、安価な武器として多量に使用されている。72ヵ国に埋められているという。[15] 戦闘がおわっても除去されず、広い地域が立ち入りできない状態である。地雷1つを除くのに、埋める費用と比べて100倍の費用がかかるといわれている。[16] 世界で毎年26,000人が死傷している。[17] クェートや、アフガニスタン、カンボジア、ソマリアなど平和維持活動の一環として除去がつづけられている。しかし、いまだに除去するより多くの地雷が埋め続けられている。

地雷禁止条約は1992年の地雷禁止国際キャンペーン（ICBL、International Campaign to Ban Landmines）の設立にさかのぼる。欧米の6つの国内団体がニューヨークで10月2日に旗上げをしたのである。93年5月のロンドンでの会議でICBLの事務局長にジュディ・ウイリアムズを選んだ。特定通常兵器使用禁止・制限条約の再検討会議開催の呼び掛けがあり、93年12月に国連総会がこの会議の開催を決定した。この条約の枠内で地雷禁止を強化するねらいがあった。ICBLはこの条約の再検討会議の過程で巧みに各国政府に働き掛けた。国際赤十字委員会も地雷禁止の啓蒙キャンペーンに加わった。カナダ、オーストリアの外交努力もあり、1996年9月オスロでの「対人地雷全面禁止条約」の締結までこぎつけたのである。133ヵ国が署名し

た。そして本条約は65ヵ国の批准により、99年3月1日に発効した。[18] 条約は対人地雷を全面的に禁止したのである。1997年ノーベル委員会はこの条約の成立に貢献したNGO、ICBLおよびその代表ジュディに平和賞を授与した。[19]

しかし、条約に署名しているアンゴラは条約に違反しているし、米国、ロシア、中国、インド、イラク、イラン、韓国、朝鮮共和国、ベトナム、トルコ、イスラエル、シリヤ等は未加盟である。

この地雷禁止条約は対人地雷の使用、製造、移転を禁止した。しかし、地雷の破棄の確認方法については信頼できる方法の規定を欠く。地雷の除去は関係国の意図にかかっている。この条約の交渉期間中にも何千万〜一億個の地雷が埋められたとNGOは見ている。[20] 現在ジュネーブ軍縮会議は対人地雷移転禁止条約を議論している。[21] この条約案は、他の国への移転のみを禁止する部分的な内容であり、全面禁止条約の趣旨とは合わないと批判されている。

5．核兵器について

核兵器の使用は、環境を高熱で焼き払い、かつ放射能を遠方にまで撒き散らす。これが大量に使用されると、地球は、寒冷化し、核兵器の攻撃から生き残った人類の生存はきわめて難しくなる。

他国に核兵器の保有、開発の禁止を要求しつつ、みずから保有を認めているのが核不拡散条約である。この条約は核保有国から非核保有国への核兵器、核技術の移動を禁止している。1998年には、187ヵ国が加入している。[22] イスラエル、キューバ、インド、パキスタンは未加入である。

フランス、中国は、地下実験を1995年に強行した。とくにフランスは、本国からもっとも離れた南太平洋で、1995年中に5回の実験を実施した。全面的核実験禁止条約（CTBT）に加入するまえに駆け込みの核実験を実施したのがフランス、中国であった。国連総会は、核実験非難決議を、フランス、中国を名指しすることなく採択したが、賛成85票、反対18票、棄権43票というありさまであった。[23] フランスの南太平洋の核実験場跡は放射能汚染がひ

どい状態であることが報道された。

 1998年になって、インドが核実験を強行、それに対抗してパキスタンも実験をおこなった。この両国の実験に対し米国を中心とする西洋諸国は、経済制裁を実施した。両国は近い将来全面核実験禁止条約に加入することを表明している。98年現在CTBTに署名した国は、150カ国であるが、加入は17カ国に留まり、発効には程遠い状態である。(本条約はジュネーブ軍縮会議の参加国である原子炉を有する44カ国の批准で発効すると規定している。)[24]

6．安全保障と環境

 安全保障と環境問題を結びつけて考える人々が増えてきた。伝統的には安全保障は、軍事力により確保するという考え方である。しかし、軍事力の維持は、結局一国の経済を圧迫し、国力が低下することが明らかになった。一国が軍事力を強化すれば、敵対国はこれに応じて軍事力を増強するので、とりたてて安全が強化されるわけでない。[25] 出費がかさむ分、資源のむだ使いになるだけである。環境の破壊がひどくなると、安全の脅威となる。環境問題が安全の保障に結びつけられる。原子力発電所の爆発事故は、あたかも核兵器による攻撃と変わることがない。大気汚染で多くの国民が死傷する事態は、一国の安全保障の由々しき問題である。国民の財産、生命、健康を守ることは、国家のもっとも基本的な責務の1つである。

 一国が厳しいエネルギーの節約に努めたり、大気汚染を改善すると、それは、他国や地球全体にとってプラスの効果がでる。軍備拡大であれば、それは他国の安全を脅やかし、その国が、対抗して軍備を拡大すれば、安全はかえって低下するし、全体的とし資源の食い潰しがすすむ。一国の環境の改善は、その一国だけの利益になるのみならず、他国の汚染を減らすし、地球全体の環境の改善にもなる。そこが他国の安全、世界の安定を脅かす軍備拡大と環境対策の違う点である。

(注)
1) The World Commission on Environment and Development, "Our Common future," p. 297, Oxford University Press, 1987.

2) 海外環境協力センター「アジェンダ21」p. 120, p. 125, 1996年
3) 吉田文彦『核解体』P. 18、岩波新書、1995
4) 朝日新聞、99年1月14日
5) 福地曠昭、「基地と環境破壊」p. 15、同時代社、96年
6) 朝日新聞、同上
7) 同上
8) 同上
9) 福地曠昭、「基地と環境破壊」p. 116、同時代社、96年
10) 朝日新聞、同上
11) 伊藤嘉昭、「枯葉作戦と生態学者」p. 45、『現代のエスプリ／エコロジー』No. 46、1969年度には、38,000キロリットルをまいたという。
12) 坪井善明「ヴェトナム／豊かさへの夜明け」p. 193、岩波新書、1994
13) 高木仁三郎、「核の世紀末」p. 28、農文協、1991年
14) 同上、p. 72
15) 神保哲生、「地雷レポート」p. 13、築地書館、97年
16) 『地球白書1995－96』ibid., p. 270.
17) 朝日新聞、99年2月28日
18) Le Monde, Mardi 2 1999. 3
19) 目賀田説子 「地雷なき地球へ」p. 227、岩波書店、1998年
20) Le Monde, Mardi 2 1999. 3
21) 朝日新聞（夕刊）1999年3月3日
22) 相良邦夫「印パの核実験強行でCTBT崩壊寸前？」p. 36、軍縮資料、No. 216, 1998年10月号
23) 朝日新聞（夕刊）1995年12月13日。日本と南太平洋諸国が提案した核実験停止決議は、12月12日に採択された。すべての核実験に反対し、つよい遺憾の意をあらわし、あらゆる核実験の即時停止を求める内容であった。
24) 相良邦夫、同上
25) 原彬久、「国際政治分析」p. 224、新評論、1993年

第三部　組織的対応

第21章　国連環境組織

1．環境問題と国際組織
(1) 視点：地球環境問題に有効に対応できる国際組織をめざして

　環境問題は、全人類、全国家が協力しなければ解決しない性格のものである。しからば国際社会が、環境問題に取り組む時、何らかの組織が必要となる。その組織はいかなるものであればよいのか、また、その理想的形態はいかにあるべきなのか。国際社会の組織化という観点から環境問題を検討したい。本稿では普遍的国際組織として国際社会の諸問題に取り組んできた国際連合（以下国連）の環境に対する取り組みに焦点をあてたい。特に過去2回の国連主催の環境会議を契機とした国連の環境に関する組織化について検討したい。国連専門機関や非政府国際組織（NGO）、その他の政府間組織も環境問題に取り組み大きな役割を果たしてきたが、本稿ではもっぱら国連の環境組織のみの考察を行なう。東西対立の中にもかかわらず、1972年にストックホルムで開催された国連人間環境会議（United Nations Conference on Human Environment）にほとんどの国連加盟国が参加した。そこでは初めて環境問題が国連の場で公式的に取り上げられた。会議の成果として環境問題に対応する国連組織をつくることが合意された。そしてストックホルム会議から20年後、ブラジルのリオで再び国連主催の大会議が開かれた。そこは、現存の環境組織を温存し、その上に持続可能な開発委員会やその事務局、環境と開発に関する調整委員会の設立を決めた。本稿では、このような国連の環境組織の発展を検討したい。

(2) ジョージ・ケナンとウ・タントの見解

　1972年のストックホルム会議に先だち、環境に関する国際組織はどうあるべきかについていろいろの提案があった。ジョージ・ケナン（George Kennan）は、米国の季刊誌、Foreign Affairs 1970年4月号で提案を行なった。有力な少数の先進工業国が支援する強力な国際環境庁の設立を主張し

た。ケナンの案は、国連の安全保障理事会をモデルとしたようである。もっぱら環境の保全を目的とし、少数の有力工業国の支援のもとに、強い指導力を発揮する機関を構想した。工業国が汚染の主要な発生源でありその責任を取るべきであり、また先進工業国の巨大な軍事費の百分の一を国際環境庁に回せばよいとした。

ケナンの提案にかかる国際環境庁（International Environmental Agency）は1つの理想論として理解できる。当時、ストックホルム会議で検討されるべき6つの議題の1つとして、「組織化」の問題があった。環境問題を扱う国際組織をどうするのかについて合意の形成が計られた時に、ケナンはあえて理想的国際組織の設立を提案し、一石を投じたのである。

一方、国連事務総長ウ・タント（U Thanto）は、UN Monthly Chronicle の中で既存の国連組織を前提として組織化を進めることが現実的であるとした。ウ・タントは国連が全加盟国の合意のうえに運営されるべきことから、国連総会の合意のもとに環境組織が形成されるのが自然であるとした。

当時開発途上国が多数を占める国連で、途上国の立場を無視した国連の運営は不可能であった。途上国にとって「環境問題」は先進工業国のぜいたくであり、途上国にとっては、開発の不足こそが最大の関心事であった。環境の保護を理由として開発援助を減額されたのでは途上国はたまらない。このような状況を踏まえて国連は環境会議を運営し、環境組織の形成を考えざるをえなかった。

2．ストックホルム会議による組織の形成

ストックホルム会議で合意された新しい国際組織の形成は下記のとおりであった。[1]

必要とする行動を取るための制度の確立、既にある機関を利用すること。新しい強力な機関を創設することはない。既存の組織を結び、スイッチボードのように切り替えにより使いわけること。既存組織の機能を調整し、合理化することにより、機能の重複を避けること。行動を提案したり、調整する機関の設立はやむを得ないが、すでにある機関と競合するような業務の執行

権限を与えない。国連を国際協力の場所とし、各国の環境状況の差異を認めつつ国連組織を強化する。

　ストックホルム会議は、国連の環境への取り組みを進めるため、「国連環境計画」(United Nations Environmental Program)の設立を決議した。1972年12月、この決議を受けて、国連総会は国連環境計画の設置を決定した。

　国連環境計画は、国連開発計画（UNDP）と同じ位置づけが与えられた。すなわち国連総会の補助機関として設立されたのである。事務局予算のみが、国連本部予算に計上され他の予算はすべて自発的拠出金で運営される。

　国連環境計画は事務局、基金、管理理事会、環境調整委員会から構成される。

(1) 管理理事会（Governing Council）

　管理理事会は国連環境計画の議決機関として設置され、国連総会で3年ごとに選挙で選出される。任期は3年である。管理理事会の構成国は58ヵ国である。国連環境管理計画の事業、予算、環境基金の運営についての意志決定を行なう。年1回会合する。

(2) 事務局

　事務局はケニアのナイロビに置かれた。300人前後の専門職員が雇用されている。事務局長は国連事務総長が、総会の同意を得て任命する。国連事務局次長級の地位にある。初代の事務局長には、ストックホルム会議の事務局長を努めたモーリス・ストロング（Mauris Strong）が任命された。

　ナイロビが選ばれたのは、アフリカ諸国の強い要求があったからである。ニューヨークかジュネーブなら国連の他の組織とよく連絡が取れ、調整機能をよりよく発揮できることは当然であったが、開発途上国の立場に立ち環境により関心を寄せてもらうために敢えてナイロビに事務局を置いたのである。[2]

　きわめて小さい事務局は、国連環境計画が調整官庁として設立されたことに由来する。国連環境計画は国連組織の中にあって、環境問題に関して、各

組織間での調整を行い、また触媒作用を及ぼすこととされた。当時すでに国連の専門機関が環境に関しての取り組みをしており、これを奪い他の組織に集中することは論外であった。

　国連環境組織の予算は、英国の工科大学の1つやアメリカの環境保護団体の規模をも下回る。開発途上国は、環境組織の設立が今までの開発援助や予算を減らすものではあってはならないと主張し、予算面でも厳しい制約があったのである。日本の環境庁がやはり調整機能中心の行政機関として位置づけられたのと同様であった。

　それでも歴代の事務局長は環境問題解決のため、国連加盟主要国、他の国際機関を動かし多くの環境国際条約を成立せしめた。とくにオゾン層保護に関するウィーン条約、モントリオール議定書、生物多様性条約の成立は事務局長の活動なしには考えられないとされる。

(3) 基金

　国連環境計画に基金が設けられたのは、具体的事業をするための資金を確保するためである。しかし、この基金は、すべて自発的拠出金によっている。基金の運用は、管理理事会の意思に従って行なわれる。最初、基金は2,000万ドルの拠出があり、順調に出発したのであるが、1980年代になると、国連の予算削減のあおりを受けて、予算は減少した。また常連の拠出国の英国なども拠出金を絞った。[3] 先進工業国の不況と途上国の国際債務危機のため、基金は増えなかった。

　しかし、オゾン層の破壊、温暖化、生物多様性の危機、有害廃棄物の問題が深刻になってきたおり、国連環境計画の活動を活性化させる動きが出てきた。[4] 予算を1億ドルにするという呼び掛けがなされている。1996－1997年の予算として、9,000万ドルを決定した。[5]

(4) 環境調整委員会 (Environmental Coordination Committee)

　国連調整委員会 (ACC) の中に、環境調整委員会が設置された。この委員会の議長は、国連環境計画の事務局長であり、定期的に会合し、管理理事会

に結果を報告することとされていた。環境調整委員会は国連専門機関や他の国連組織の諸事業を評価し、諸機関の協力を促進することとされた。しかし、この調整委員会は、すぐ廃止され、行政調整委員会（ACC）がその役割を引き継いだ。[6] 行政調整委員会は、隔年に、各国連専門機関の長と関係組織（国連環境計画を含む）を集め、事務総長を議長として討議をする。行政調整委員会は1992年、持続的開発に関する組織間委員会の設立を決めた。（Interagency committee on Sustainable Development）

(5) 国連環境計画への不信の高まり

1990年になると、開発途上国は、国連環境計画や事務局長トルバ（Tolba）に不信を募らせた。国連環境計画の方向性（温暖化、オゾン層、有害廃棄物、生物多様性）が先進工業国寄りであると批判した。[7] 途上国の問題たる飲料水の確保、都市問題、砂漠化などに考慮がないとしたのである。

開発途上国は、1989年、総会決議においてストックホルム会議20周年記念の国際会議を、「国連環境開発会議」と名づけさせ、地球温暖化防止条約の交渉事務局を国連環境計画から、国連総会直轄の政府間委員会（INC）に移した。[8] 国連総会では途上国が多数を占めるため、より有利に交渉ができると途上国は考えたのである。

3．ストックホルム会議から20年—ブルントラント委員会の設立

1982年にストックホルム会議10周年記念の管理理事会で国連環境計画の見直し、強化案が検討された。1つの方法は、独立の委員会（環境と開発に関する世界委員会「World Commission on Environment and Development」）を設けてその検討を依頼するものであった。管理理事会の提案をうけた国連総会決議（38/161）により、1983年の12月に国連事務総長は、ブルントラント（Brundtland）を委員長に任命、カハリド（Khalid）を副委員長に任命した。[9]

こうしてノルウェーの労働党党首であったブルントラントを委員長とする「環境と開発に関する世界委員会」は、1987年に報告書「われら共通の未来」

(Our Common Future) を国連環境計画の管理理事会の討論に供した後、国連総会に提出した。

この報告書の中心概念は、持続可能な開発（Sustainable Development）であり、その後の 国連での環境問題の議論を方向づけた。[10]

1962年に出版されたカーソン（Carson）著「沈黙の春」（Silent Spring）が農薬規制を促したように、このブルントランド委員会の「われら共通の未来」は持続可能な開発を定着させた。ブルントラントはノルウェーの環境大臣を経て、総理大臣になった人物である。1998年には、世界保健機構（WHO）の事務総長に選ばれている。はからずも2人の女性が環境問題の解決に大きな足跡を残したと言えよう。

4．環境組織の再編

リオの地球サミットに先立ち、国連の環境組織をいかに改革するのかについていろいろの議論があった。国連環境計画を国連専門機関にする。環境と開発に関する政府間委員会を設立する。UNDPの役割を強化する。環境と開発に関する専門委員会を設ける。安全保障理事会を改組し環境に関する権限をもたせるなどが選択肢として考慮された。[11]

国連環境計画を国連専門機関にすることに対しては支持はなかった。先進諸国は、新しい国連専門機関設立による費用の増大とそのような変化の政治的影響を否定的に解したのである。また国連組織のいっそうの官僚化にたいして危惧をいだいていた。国連環境計画の事務局をナイロビからジュネーブに移すのさえ、アフリカ諸国が強く反対した。国連環境計画の強化案が出されたが、財政的裏付けがなく、また、新しい権限を与えられることもなかった。

国連環境開発会議は、1992年6月、リオデジャネイロで開催された。176の国と地域、ヨーロッパ経済協同体（EEC），パレスチナ、国連専門機関、その他35の政府間国際組織、NGOなどの参加があった。[12] 110ヵ国の政府首脳が出席する空前の環境外交会議であった。主要工業国で首脳の参加しない国は、日本ぐらいであった。地球温暖化防止条約、生物多様性条約の署名、

リオ宣言、森林の原則声明、アジェンダ21の採択など多くの合意がなされた。それらの合意の中に環境組織の改革があった。

持続可能な開発委員会（Commission on Sustainable Development）、政策調整および持続可能な開発課（Departement on Policy Coordination and Sustainable Development）、環境と開発にかんする組織間調整委員会、高等諮問委員会（High-level Advisory Board）の設立で合意をみた。また地球環境基金（Global Environmental Facility）の改革と再編についても合意をみた。

(1) 持続可能な開発委員会（Commission on Sustainable Development）

1992年12月の国連総会は、リオサミットの合意に基づき「持続可能な開発委員会」の設立を決めた。[13] この委員会の位置づけは、経済社会理事会の機能委員会としてである。同種の組織としては「人権委員会」が既に活動していてよく知られている。経済社会理事会での選挙により53ヵ国が選ばれた。その任務はアジェンダ21の実施を監視し、国連の環境と開発関係機関の調整を高いレベルで行なうこと、各加盟国政府より提出されるアジェンダ21の国内実施報告書を審査する、先進国の開発援助をGNPの0.7％とする国連の目的の達成を監視する、アジェンダ21の規定する資金計画、機構の定期的検討、NGOとの対話の促進などを主な任務とする。[14]

93年6月14日〜25日に第1回会合が、ニューヨークで開かれた。[15] 94年5月16日〜27日に第2回会合（ニューヨーク）、95年4月11日〜28日に第3回会合（ニューヨーク）を開いた。[16]

CSDの評価については2説ある。リオ会議の結果として生まれたもっとも重要な組織であるとの指摘がある。[17] 反対説は地球サミットの残した不適切なお土産として評価する。[18] すなわちCSDは規制権限を欠き、独自予算もなく、国連の関係組織に問題を提起することしかできないとする。[19] 結局、国連システムの環境問題解決能力の限界を示すものであると。[20] 1997年6月のリオ会議5周年の国連環境開発特別総会後、毎日新聞の社説（97年6月29日）も第2説を取り、CSDは死に体と評価した。

CSDはUNEPの環境問題の議題提出の機能を奪うものであると言う指摘がある。[21]

(2) 持続可能な開発に関する組織間委員会 (Inter-Agency Committee on Sustainable Development)

国連環境計画の環境調整委員会 (ECB) が設置されたもののすぐに廃止された後、行政調整委員会が調整にあたって来た。地球サミットは、あらたに環境調整委員会を作ることに合意し、事務総長に設置を要請した。その結果、1992年に行政調整委員会 (ACC) は持続的開発に関する組織間委員会を設置した。この委員会は国連食糧機関 (FAO)、UNESCO、WHO、WMO、世界銀行、UNEP、UNDPと事務総長の指名するもう2つの国際組織から構成される。[22]

1993年3月23日から25日まで第1回会合を開き、同年9月に第2回会合をニューヨークで開いた。[23] 94年3月2日～4日に第3回をニューヨークで、同年6月14日～16日に第4回をジュネーブで開催した。[24] 95年2月には第5回(ニューヨーク)、7月に第6回(ジュネーブ)を開いた。[25] このように年二回、3日の日程で持続可能な開発に関する組織間委員会が開かれている。毎年4月に開かれるCSDを挟んでの開催である。

(3) 高等諮問委員会 (High-level Advisory Board)

高等諮問委員会はアジェンダ21の実施に関して国連事務総長に直接助言するために設置された。世界の各地域を広く代表する各分野の著名人を事務総長が任命した。1993年9月13日と14日ニューヨークで初会合を開いた。[26] 経済的、社会的、政治的発展の繋がり、財政と技術に関する新手法、国連と持続的開発に熱心な他の組織とのパートナーシップが議題とされた。94年3月17日～22日に第2回、95年5月30日から6月1日に第4回と毎年1回づつ集まっている。[27] いずれもニューヨークで開催されている。

(4) 政策調整および持続可能な開発局 (Department for Policy Coordination and Sustainable Development)[28]

　国連本部の事務局の中にCSD、持続可能な開発に関する組織間委員会、高等諮問委員会の事務を取り扱う局が設置された。CSDは年1回、数週間会合するのみであり、継続的に任務を行なう事務局の支援が必要である。また、持続可能な開発に関する組織間委員会や高等諮問委員会も同様であり、政策調整および持続可能な開発局が一括してこれらの委員会の事務局を務める。この局の長には、事務次長級の職員が任命され、国連の通常予算によりこの局は維持される。

　国連総会は、地球サミットの合意に基づき、上記のように新しい組織を作ったのであるが、その経費は180万ドルと見積もられている。[29] これは国連通常予算として計上される。リオ会議後に作られた新しい環境組織は、極めて安い費用で作られたと言えよう。

(5) 地球環境基金 (GEF)

　地球環境基金は、1989年世界銀行の理事会でのフランスの提案により、世界銀行内に1991年から設置された。モントリオール議定書に基づくオゾン層保護のための基金と、地球環境保護のための特別基金の2つが用意された。[30]

　一方、オゾン層保護のための基金は、モントリオール議定書の締約国が途上国のフロン対策に必要な費用を賄うために設置をした基金であった。モントリオール議定書の執行委員会は、世界銀行と協定を結び、基金の運用を世界銀行に委ねたのである。この方式はリオ会議で締結される気候変動条約や、生物多様性条約の資金の管理のモデルとなった。地球環境保護のための特別基金は国連との協力体制をとって運営するものとされ、UNEPとUNDPが加わる。これは、地球的規模の環境問題対策のための資金を供給するものとされた。気候変動、生物多様性、オゾン層保全、国際的水域の保護に目的を限定し、3年間を実験期間とした。

　30ヵ国がこの基金に出資した。OECD加盟国19ヵ国と11の途上国が合計8

億ドルを拠出した。世界銀行がこの拠出金を受託した。1991年7月から1994年7月まで115の事業計画が承認され、7億3,000万ドルが使用された。[31]

リオサミットの準備会議でこの基金の改革が交渉された。GEFの意思決定方式、組織の恒久化と援助対象の拡大が交渉の中心であった。1994年3月ジュネーブでの交渉で、地球環境基金の再編と3年間で20億ドルの資金を集めることに合意した。理事会は32ヵ国からなり、18は受益国、14は工業国から選出する。一国一票の投票によるに意思決定システムを主張した77ヶ国グループの主張が認められたのである。1991年に作られたGEFでは世界銀行が窓口であり、意思決定は出資国に握られていた。すなわち、世界銀行の決定方式によっていたのである。[32] また、世界銀行から独立した事務局の設立が決まった。

世界銀行、UNEP、UNDPはそれぞれこの合意を承認することを求められた。

地球環境基金は、総会、理事会、事務局から構成される。総会はすべての構成国の代表からなり、3年に1回召集され、基金の政策を検討する。理事会は、実施計画や基金管理計画を立て、基金の使用についての決定を下す。世界銀行、UNEP、UNDPは実施機関として理事会に責任を負う体制が形成された。

事務局長は事務局を指揮する。事務局長人事は、世界銀行、UNEO、UNDPの推薦を受けて理事会がこれを任命する。

地球環境基金（GEF）はモントリオール議定書、地球温暖化防止条約、生物多様性条約の規定による資金援助を途上国に提供する機関として再出発したのである。リオで署名された温暖化防止と生物多様性条約がGEFの活用を規定したことは、GEFの存在価値を高めたと評価できる。[33]

5. 国連環境組織の特質

(1) 分権的な構造

国際連合の環境に関する組織およびその変遷をストックホルム会議からリオ会議を経て1998年に至るまで歴史的に見てきた。国際連合の組織が、設立

当時予想もしなかった環境問題に直面しそれに対応するために変革を繰り返してきたのはあたかも1つの流れのようである。すべての加盟国が集まる国連総会の場での合意をもとに数々の組織的対応がなされたのである。

国連の経済社会理事会、国連総会でまず大きな国際会議を開くことが決議され、その国際会議の準備過程で問題解決のための対策が具体的に検討され、大枠の中での合意形成が計られる。国際会議は2週間の短い会期であり、形式的、外交儀礼的な側面が強い。会議に至るまでの準備過程の総括という意味あいが濃いようである。会議での合意に基づいて新しい組織が作られ動き出すというわけである。

ストックホルム会議後、国際連合総会の諸決議により、1973年には環境管理計画が設置された。リオ会議後の1993年には既存の国連組織を廃止したり、変革することなく、さらに持続的開発に関するする委員会（CSD）等を作ったのである。

1972年のストックホルム会議の頃には、ほとんどの国連専門組織はみずからの権限内で環境問題に対する取り組みを進めており、国際連合としてはこれらの取り組みを温存した上で、新たに国連環境計画（UNEP）を設置したのである。1992年のリオサミットでも既存の組織をそのままにして、新しい組織、CSDを重ねた。したがって国際連合の環境に関する組織は、一層複雑化したのである。

環境の保護を目的とする強力な国際組織（ケナンの提案）、または環境に関する国連専門機関の新たなる設立ではなく、既存の国連専門機関の分野ごとの取り組みを前提に、小さな組織を付け足した上で、これら諸組織間の機能を調整するという方法が取られて来たのである。

こういった漸増主義（incrementalism）に対して、国連体制の根本的欠陥であるとの批判が当然出てくる。[34]

(2) 調整的機能について

国連環境計画や行政調整委員会（ACC）の中に設置された環境調整委員会（ECB）、環境計画事務局長の役割は、もっぱら、他の組織の機能を生か

し、結びつけるいわゆる調整的機能のみを与えられた。少数の事務局、少ない予算で運営されてきたのである。日本の環境省がやはり調整機能中心の組織であり、少ない予算と小さい事務局であるのと同様である。

リオ会議後に設置された、持続的開発委員会は、自らの予算、事務局を持たない。経済社会委員会の機能委員会として設立され、53ヵ国の政府代表が年に1回、2～3週間会合するにすぎない。

事務局機能は、国連本部事務局の政策調整・持続的開発局により処理されている。国連環境計画の一部であった環境調整委員会は、廃止されていた。リオの地球サミットでは、あらたに組織間調整委員会を行政調整委員会の中に設け、高いレベルでの調整を行なうものとされた。

このように国連の環境組織は調整を重要な機能としているのである。このことは、国連の諸組織、国連専門機関など多くの組織が環境問題に関わっているため、その総合調整をすることが組織構造上要請されるからである。

問題は、調整機能をどこまで果たせるのかという実際の能力の問題になる。既存の組織は、歴史も古く、大きな予算と事務局を抱えている。そういった巨大な組織を相手に新しく予算の小さい、人員の少ない組織が交渉においてどれほどの指導力を発揮できるのかという問題がある。

おわりに

国連の事務局の簡素化と予算削減は国連の大きな課題である。とりわけアメリカの国連改革に対する要求は強く、歳出の権限を握る議会の強力な圧力を国連は感じてきた。事務総長の人選に拒否権を持つアメリカは、行財政改革の遅滞を理由に、ガリ（Ghali）事務局長（当時）の再選を阻み、アナン（Anan）を事務総長に推した。（事務総長の選出には五大国全部の賛成を含む安全保障理事会の決議と総会の決議が必要とされる。）1996年12月17日、こうして国連総会は全会一致でアナンを選出した。今後国連の行財政改革が環境組織にどう影響するのかは予断を許さない。

ストックホルム会議での合意により、国連環境計画が作られ活動を続けてきた。既に国連専門機関がそれぞれの権限内で環境問題に取り組んでおり、[35]

新たに環境に関する国連専門機関を作るものではなかった。

　環境は地球的規模でますます悪化し、ストックホルム会議20周年を記念する国連会議をリオデジャネイロで開催、環境に関する国連組織の改革が議論された。その結果は、経済社会理事会の機能委員会として新たに「持続可能な開発に関する委員会」（CSD）を設置するとともに、行政調整委員会（ACC）の中に、「持続可能な開発に関する組織間調整委員会」を作り、さらに事務総長に助言する「高等諮問委員会」を設置した。これらの委員会の事務を扱う組織として政策調整および持続可能な開発局を本部事務局内に創設した。これらの新しい組織は、毎年定期的に、おもにニューヨークで会合している。リオ会議系の持続的開発組織と呼ぶにふさわしい。

　ストックホルム会議系の国連環境計画はそのままで活動を継続しており、リオの地球サミット系の新たな組織と併存する形になっている。地球環境基金（GEF）はリオ会議を経て改革され、世界銀行の直接支配体制を薄めた体制のもとで再出発した。

　本稿で紹介した環境に関する国連の諸組織に加え、諸国連専門機関、環境条約の事務局等の活動を全体として見れば、先進工業国の環境行政組織と著しい対照をなすことは明白である。どの工業国も環境行政を総合化し、組織の一元化を計っているからである。国際環境組織の有り様は国際社会の分権的構造の反映にすぎないのであろうか。

　1968年のストックホルム会議開催決議以来、国連総会を中心とする加盟国の合意により国連環境組織が発展してきた。今後の国際社会の環境に対する取り組みおよび組織化は、国連加盟国が本件についてどれほど政治的な合意を達成できるかにかかっている。

（注）
1) Patricia Birnie, "the UN and the Environment", "United Nations, Divided World", p. 372, Adam Robers and Benedict Kingsbury (ed), Clarendon Press, Oxford, second edition 1993.
2) ibid. p. 343.
3) ibid.
4) ibid. p. 346

5) Yearbook of the United Nations, 1992, p. 1067.
6) Birnie, ibid. p. 346.
7) Gareth Porter and Janet Welsh Brown, "Global Environmetal Politics," p. 43, Westview Press, 1991.
8) ibid.
9) World Commission on Environment and Development, "Our Common Future," p. 352, Oxford University Press, 1991.
10) 持続的開発 (Sustainable Development) は、ブルントランド委員会の報告書「われら共通の未来」によれば、将来の世代の必要をそこなう事なく、現代の世代の要求を満たすことと定義される。
11) Birnie, ibid. p. 373.
12) Yearbook of the United Nations 1992, p. 670.
13) resolution 47/191 (Yearbook of the United Nations 1992, p. 676)
14) Yearbook of the United Nations 1995, p. 676〜677.
15) Philippe Orliange, "La Commission du Développement Durable," p. 824, Annuaire Français de Droit International 1993
16) Yearbook of the United Nations 1994, p. 94. and 1995, p. 837.
17) Flavin, "Legacy of Rio," p. 4, World Watch, State of the World, 1997
18) Oran R. Young, "Global Governance : toward theory of decentralized world." p. 274, The MIT Press, 1997.
19) Porter and Brown, Ibid. p. 43.
20) Young, ibid.
21) Porter and Brown, Ibid. p. 44.
22) Yearbook of the Uited Nations 1992, p. 681.
23) Yearbook of the United Nations 1993, p. 669.
24) Yearbook of the United Nations 1994, p. 769.
25) Yearbook of the United Nations 1995, p. 839.
26) Yearbook of the United Nations 1993, p. 669.
27) Yearbook of the United Nations 1994, p. 769. and 1995, p. 840
28) Yearbook of the United Nations 1992, p. 679.
29) ibid. p. 680.
30) Laurence Boisson de Chazournes, "Le Fonds pour l'environnement Mondial : Recherche et Conquête de son Identité", p. 615, Annuaire Français de Driot International 1995
31) ibid. p. 617.
32) Porter and Brown, ibid. p. 143.
33) Boisson de Chazournes, ibid. p. 622.
34) Birnie, ibid. p. 380.
35) 横田洋三、「地球環境と国際組織」p. 11-12、『環境研究』1996年100号

第22章　世界銀行

　世界銀行は国際復興開発銀行（International Bank for Reconstruction and Development）を簡略化した言い方である。政府間で設置された公的国際組織としては最大の予算規模を誇る。本稿はこの世界銀行の活動を環境的側面から検討するものである。

1．環境NGOの反応

　まず世界銀行に対する環境NGOの反応を見よう。1992年6月、国連環境開発会議開催中のリオデジャネイロのフラミンゴ公園では、諸団体の展示があった。日本の経団連、インドのナルマダ開発公社、世界銀行の展示テントもそこにあった。この3団体の展示には、多くのNGOから抗議の声が上っていた。6月7日、NGOの会員約500名が世界銀行の展示場を襲撃し展示物に放火、看板を「World Bank」から「Peoples Bank」に書き替えた。[1) こ]れは、世界銀行がNGOからどのように見られているのかを象徴する出来事であった。その時の乱暴なデモの参加者は、世界銀行が環境と人権を破壊していると考えていた。[2)]
　さる1988年9月末に世界銀行、IMFの年次総会がベルリンで開かれた。この総会に先だつ9月25日、8万人の人々がベルリン市内をデモ行進した。デモ参加者は、主にヨーロッパ各地から集まったが、南北アメリカ、アフリカ、アジアの人々も居たという。抗議の焦点は、世界銀行、IMFの融資が開発途上国の債務を累積させ、低所得層の一層の貧困化を招いている、また熱帯林の破壊とそこに住む先住民の生活基盤の破壊を招いていることに向けられていた。会議場前には、毎日、自転車デモ隊が押し寄せた。夜になるとベルリン中心街の教会の周辺で1,000人近くの若者がジグザグデモを繰り広げた。
　ベルリンでは直接的な抗議行動の他にNGOにより3つの会議が開かれた。[3)] 第1の会議は「世界銀行に関する国際市民会議」で環境と先住民が主

題であった。世界銀行のプロジェクトが熱帯林と先住民の生活基盤の破壊を招いていることを討議した。ベルリン工科大学では、累積債務問題が論じられた。ベルリン自由大学ではIMFと世界銀行に対する法廷が開かれその罪状が明らかにされた。

89年、90年、91年にも世界銀行、IMF総会に合わせ世界からNGOが集まり、抗議集会を開いた。92年の総会の時は、NGOからなる抗議者は総会会場となったホテル（ワシントンD.C.）に通じる道路にドラム缶を積み板囲いをして道路を封鎖した。総会参加者は、歩いてそのホテルに入場せざるを得なかった。配布されたビラには、世界銀行のナルマダム融資に反対、世界銀行は非民主的、無責任と書かれていた。[4] このバリケードに対し消防車が出動するも、5人がドラム缶に手を入れ鎖で縛りコンリートで固めたため、バリケードの撤去に昼すぎまでかかり7人が逮捕されたという。[5]

こういった抗議行動は日本ではほとんど報道されず、世界銀行の問題点がいまだ日本国民に伝わっていない懸念がある。

1980年代から世界銀行の貸付けに対して欧米の環境保護団体、人権団体などが批判の声を上げて来た。批判の始まりはブラジル北西部開発計画に対する世界銀行の貸付けがきっかけであったと指摘される。[6] この計画はブラジルのロンドニア州の熱帯林を切り開き1,500kmのハイウェイを建設、これに沿って支線道路と入植地を開こうとする構想であった。数十万人の入植者が押し寄せ、熱帯林を開き焼畑を広げた。入植者は、先住民保護区、自然公園、国立公園まで入り込み、放火したのである。1984年には、先祖伝来の生活空間の破壊に抗議する先住民が12人の人質を取り、政府に対策を要求した。この要求を支持して、欧米のNGOは世界銀行の融資の中止を求めたのである。世界銀行はこの融資を一時中断するも、数か月後再開した。[7]

1989年に完成したインドネシアのクドワン・オンボ・ダムの世界銀行融資も1,400世帯、7,000人の住民の立退き問題を無視したものであった。[8]

2. 世界銀行の成立と特質
(1)成立

　世界銀行はIMFとともに、第二次世界大戦中、戦後の国際経済秩序を担う機関として構想され、ニューハンプシャー州のブレトンウッズにおいて設立が決まった。世界銀行は、開発と復興のための銀行として、IMFは国際金融の安定のため設立された。貿易のための機関ITOは設立条約が米国などにより批准されず、暫定的なGATT体制で出発した。

　世界銀行は1946年6月創業し、ヨーロッパの戦災国への融資を始めた。ヨーロッパの復行はマーシャルプランの下で進められたので、世界銀行は開発途上国の開発の側面で活動することになった。チリ、インド、エチオピアなどに最初の貸付けがおこなわれた。世界銀行は1947年には国連と協定を結び、国連憲章第57条に掲げる国連専門機関となった。世界銀行は国連のUNDPと緊密な関係を持っている。

　日本も1952年関西電力の火力発電所、愛知用水、黒部第4ダム、名神高速道路、東海道新幹線等について、世界銀行から融資をうけた。日本は1966年に静岡―東京の高速道路融資を受けたのを最後に、資金の拠出国に転じた。

(2) 組織的特質

　世界銀行は一国一票制度を取らない。参加国には出資額に応じて投票権が配分される。出資額の多い先進国が圧倒的な票数を有する。1993年、アメリカ17.10%、日本6.61%、ドイツ、5.11%といった投票権の割合になっている。ラオスは0.02%である。世界銀行の総裁は慣行上、アメリカの理事が指名した候補者が理事会で選ばれる。

　世界銀行は一貫してアメリカの利益に貢献してきた。アメリカの対外政策の一翼を担ってきたと指摘される。アメリカは自国のブラックリストに載る諸国向け融資案件を理事会で拒否できる。[9]

　世界銀行の建物は、IMFの本部ビルと向かいあっている。この2つの組織は相互補完的な役割を果している。世界銀行の加盟国であるためには、

IMFの加盟国でなければならない。IMFは、国際収支の困難に陥った国に短・中期資金を提供するほか、加盟国の金融、為替政策を監視し、是正措置について勧告する。

世界銀行とIMFは一体として借入国に影響を与える。政府がもし、これら2つの機関の1つに挑戦すれば、他の機関は支援を与えない体制になっている。いわゆるクロス・コンディョナリティを両機関が適用しているということである。[10]

世界銀行は加盟国の出資金で設立される。貸し出し業務の原資は、民間資本市場で調達する借入金である。もっぱら融資は開発途上国に対しておこなわれる。加盟国は、ソ連、東ヨーロッパ諸国の共産主義体制の崩壊によりいっそう増した。ロシア、ウクライナなど15共和国が参加、スイス、サンマリノなどの加入により、176ヵ国（1993年）に達した。資金を出す国はパートⅠと呼ばれ、資金を借入れる国はパートⅡに分類される。貸付けは、政府、政府機関、政府保障の民間企業に対して行なわれる。返済機関は5年据え置きの15〜20年である。金利は世界銀行が市場から調達する資金の借入コストにより左右される。世界銀行の金利が市場金利より高いので、貧しい国にとり、返済の負担は大きなものになっている。

世界銀行は出資金以上に貸付けをしないし、貸した金は必ず返済を受ける。各国政府が保証している優良金融機関として、常にトリプルAに位置づけられる。国際資本市場で低い金利で資金を調達できる。いかなる国も世界銀行の借金について返済を拒否することはできない。世界銀行に返済できない国は、外国政府や他の金融機関からの貸付けを受けることができなくなるからである。

世界銀行は日本国内でも資金を調達してきた。債券の発行とシジケートローンによる方法が取られている。日本人は、銀行預金、証券購入、生命保険、損害保険で世界銀行と深くつながっている。

(3) 4つの姉妹機関

世界銀行の融資は、上に見たような難点があるので、それを克服するため

に4つの姉妹機関が設けられている。

- 国際開発協会、IDA（International Development Agency）は途上国のうち貧しい国々にたいしてのみ緩やかな条件で貸し出しをする。ただし貸し出しは政府に対してのみおこなわれる。無利子で35〜40年間の返済期間がある。IDA資金は回転性が乏しいので、3年ごとに増資が行なわれる。1961年に10億ドルで出発し、1994〜96年には180億ドルの増資をおこなった。

  IDAへの出資・拠出金は政府開発援助（ODA）の多数国間援助と見做される。1992年地球サミットにおいて、貧しい国々の環境保護に役立てようとIDAに対する50億ドルの特別拠出金の提案があった。[11] しかし、環境NGOはIDAの融資が社会的、環境的悪影響を起こしているので50億ドルのIDA特別拠出金は望ましくないと反対した。この案は結局、先進国間で意見が分れ合意に至らなかった。

- 国際金融公社、IFC（International Finance Corporation）は、民間企業が政府保証なしに借入ができる。途上国の民間企業を育成することを目的としている。

- 開発保証機関、MIGA（Multinational Investement Gurantee Agency）は開発途上国における投資に関して外国に長期の保険を提供する。保証期間は15年。投資環境の整備に関して助言する。

- 投資紛争解決国際センター、ICSID（Intentaninal Center for Solution of Investement Dispute）は、国家と外国人投資家との投資紛争を取り扱う。

これら機関を総称し世界銀行グループと言う。IDA、IFC、MIGAの総裁は世界銀行総裁がこれらを兼任する。

(4) 世界のエリート集団

世界銀行は環境NGOからみれば問題ある存在であるが、他の立場からは世界最高の権威ある公的開発機関と見做されている。[12] 多くの高学歴の優秀な若者が世界銀行に入りたがる。大学院の博士過程で学位論文準備中にイン

ターン制度で夏期研修に入り、2年連続して見習いをして、その時の評価により正規採用がなされる。大学院終了者向け若手専門家プログラム（YP）には4,000人が応募するが、50～30人が採用されるにすぎない。[13] この関門を通れば30歳までに要職につけるとされる。YPの最低条件は、経済学、財政学、関連分野で修士号、英語が堪能なこと要求されるが、実際は、ほとんどの者が博士号や職歴を持っている。1963年以降、YPで採用された1,000人のうち、3分の2は、世界銀行に残っている。意見の不一致や、異端を認める空気がなく、世界銀行の方針に挑戦しようとするような者は存在しない。[14] これらエリート達は、途上国の代表よりも自分達がより優れているという自負があり、それぞれの国の特殊事情に配慮することなく世界銀行の構造調整プログラムが適用できると信じこんでいるのである。[15]

　規範的職員は、融資供与額を増やすことをめざす。幹部がより多くの融資を要求すれば部下はより大規模なプロジェクトを企画するしかない。借入国の財政、環境、暮らしなどを考えることはない。数万トンの温室効果ガスを出す石炭火力発電所に4億ドルを融資した職員は、省エネのため1,000万ドルの融資を決めた職員より、高く評価されるのである。[16] 世界銀行は国連と異なり、いくつかの公用語に悩まされることはない。翻訳、通訳の問題がないのである。この世界では、みな英語を話すというわけである。アメリカ人、英国人が職員数の上位を占める。職員は多くの異なる文化圏からきているが、基本的には同じ思考しかしない。[17]

3．構造調整融資

　構造調整融資とは、世界銀行、IMFが融資をする時に受け入れ国に一定の政策の採用を条件とする融資である。第1に貿易の自由化、および投資障壁を取りのぞき外国からの投資を受けやすい経済環境を創ること。第2は政府の歳出を減らし、財政赤字を削減すること。政府事業体の民営化、公共部門の整理縮小、公共サービスの切り捨てを伴う。実質賃金の引下をおこなう。第3は輸出産業の振興により外貨を稼ぐこと。第4は対外債務の返済を確実にすることである。

構造調整融資の是非については論争が続いている。推進派はある理論的モデルに基づいている。すなわち自由市場、競争原理、世界市場の実現を理想にしているのである。NGOを中心とする批判派は、世界銀行、IMFの構造調整は社会、環境を破壊するとするものである。[18] そして現実に起こった好ましくない現象を指摘するのである。たとえばユニセフの「世界こども白書」から次のような統計を引用する。[19] 1980〜89年、33のアフリカ諸国は241件の構造調整融資を受け取った。これらの国の1人あたりGDP平均値は年に1.1％下落、1人あたり食料額は継続して下落、最低賃金の実質価格は25％下落、政府の教育支出は110億ドルから70億ドルに低下した。小学校就学率は、1980年の80％から1990年の69％へ下落した。対外債務が増加し、輸出すべき一次産品の価格下落が見られる。

　貿易の自由化と国営企業の民営化は、途上国において育ちつつある幼稚産業を破産に追い込み、これに代わり多国籍企業が入り、その国の産業を支配することになる。多国籍企業の資本集約的な生産システムにより多量の失業者が生み出される。[20] また、輸出のために換金農作物を多量につくる大規模プランテーション、機械化農業の推進がはかられる。その国で食べる食料の生産を放棄してまで換金農産物を作るために、食料輸入国に転ずることになる。機械化農業のために、肥料、農薬、資材を輸入に頼ることになる。これではかえって貴重な外貨準備を減らしてしまう。

　商業目的のための森林伐採や工場立地のための沿岸の埋め立てが進む。公害規制は緩められ、開発により土地を奪われた先住民にたいする補償も不十分な場合が多い。[21]

　こういった貧困の拡散が世界銀行の信頼性に疑問をなげかけている。

4．環境への配慮

　世界銀行は、貸し出し活動について環境的配慮を払うための体制を整えて来た。1970年マクナマラ総裁のもとでは、環境アドバイザーのポストを新設した。その任務はすべての投資プロジェクトについて環境に及ぼす潜在的影響を検討し、評価することである。さらに環境ガイドラインを策定した。

1972年のストックホルム会議以降、環境室を置いた。担当職員は5名であった。ブラジルのポロノエステ・プロジェクト貸付け問題で、環境的配慮を強めるため環境局を創設した。数十名の人員からなる。今日、環境局の職員は100名を越える。また環境アセスメントにかんする指令を策定した。しかし環境アセスメントを実施するのはあくまで借入国であるのが原則とされて来た。それぞれのプロジェクトについて環境への影響が大きいか否かを事前に調べ影響が大きいと判断される場合のみ正式の環境アセスメントを実施する制度を作った。

これらの制度、組織の整備はかならずしも世界銀行の環境への取り組みへの改善を意味しない。開発目的を持つ組織がどこまで環境に配慮できるのかということが問われねばならない。

5．世界銀行の評価

(1) ワッペンハウス報告

1991年末、ルイス・プレストンが世界銀行総裁に就任した時、世界銀行の成果を全体として評価する調査をワッペンハウスに命じた。ワッペンハウスは世界銀行で副総裁まで務めたベテランであった。その報告によれば世界銀行の融資の質が低下しているとの指摘があった。[22] 世界銀行の1,400億ドル、113ヵ国、1,800の融資プロジェクトのうち20％が問題を抱えていたという。水、衛生、農業セクターは40％以上が失敗とされたのである。プロジェクトに借入国が関与していない点も問題であった。世界銀行スタッフが作ったプロジェクトであるため失敗したのではないかとの指摘である。また、借入国が世界銀行との取り決めを軽視している点もある。借入国が世界銀行との契約に違反しても制裁がないのである。

(2) 国際組織として

世界銀行は、徐々に他の国連の専門機関の機能を奪っていった。どんな業務であれ、国連専門機関はうまくやれなかった。世界銀行が覇権的であるのは責任を引受けたいと主張したのでなく、だれも世界銀行に異議をとなえな

かったからであると指摘される。[23]

　世界銀行はそれぞれの加盟国を代表し、加盟国とその国民に客観的事実の説明責任を負っている機関ではない。世界銀行は公的サービス機関でなく、世界経済を再編する事業体である。構造調整と世界銀行のプロジェクトは貧困国にたいする北の政策となっている。世界銀行は何十という国々にその指令を従わせることができる経済機関となった。世界銀行は何百万の人々の生活に影響を与えるような政治決定を経済学の装いのもとに公然と行なってきた。世界銀行の政策を押しつけ借入国政府を弱体化していると指摘される。[24] 世界銀行は、資金面では最大の国際組織である。融資を通じて世界の環境に大きな影響を与えてきた。環境組織の整備、ＧＥＦへの関わりなどにより世界銀行は努力を続けているが、環境破壊の拡大を効果的に食い止めることができない。

(注)
1 ）参照、鷲見一夫、「世界銀行」p. 6、有斐閣、1994.
2 ）同上
3 ）同上、p. 11.
4 ）同上、p. 14.
5 ）同上、p. 15.
6 ）同上、p. 7.
7 ）同上
8 ）同上、p. 9.
9 ）参照、スーザン・ジョージ、ファブリッオ・サベッリ「世界銀行は地球を救えるか」p. 269、朝日新聞社、1966.
10）同上、p. 210.
11）参照、鷲見、同上、p. 156.
12）スーザン・ジョージ、同上、p. 141.
13）同上、p. 142.
14）同上、p. 144.
15）同上、p. 145.
16）同上、p. 152.
17）同上、p. 151.
18）参照、Michel Chossudovsky, "La pauvreté des nations," p. 64, l'impérialisme aujourdhui, Actuel Marx, PUF, Paris, 1995.
19）参照、スーザン・ジョージ、同上、p. 177.

20) 参照、鷲見一夫、「世界銀行」p. 208.
21) 同上、鷲見、p. 210.
22) Porter and Brown, "Global Environmental Politics," p. 43, Westview Press, 1991.
23) 参照、スーザン・ジョージ、同上、p.282
24) 同上、p. 277.

第23章　NGO（非政府組織）

　環境保護運動は今や世界的現象である。1960年代、1970年代を通じて環境保護運動が先進工業国、とりわけ北アメリカ、西ヨーロッパに広がった。運動はまた東ヨーロッパ、日本、オーストラリア、開発途上国にも生まれていた。市民の環境問題に対する認識は高まり、いくつかの行動となって表現され、政府への圧力となっていった。また、多くの団体は国境を越えて連帯し、また国際的に組織化を進めるものも出て来た。これらの団体は環境悪化を憂う民間の有志の自主的な集まりであり、本論ではNGOと定義したい。
　このNGOの環境保護運動を国際的視野から考察することが本論の目的である。NGOは環境問題に対していかなる手段をもって対応し解決にどれだけの貢献をしてきたのだろうか。最初に世界的規模で活動しているグリーンピース、WWF（世界自然保護基金）、地球の友を例に取り、その活動の内容を紹介したい。第2に、環境に関する国際的会議にNGOがいかに関わるのかを検討する。第3に国際環境政治におけるNGOの評価を試みたい。

1.　国際的環境NGOの活動について
(1) グリーンピース
　グリーンピースは、わかりやすい主張をすること、向こうみずに見える行動により環境の問題を世論に効果的に売り込む団体としてのイメージを形成した。すなわち、こみいった問題は避け、他の勢力がすでに取り組んでいる問題に介入し、それを大きな運動にする点に特色があると指摘されている。[1]
　グリーンピースはアメリカのアムチカ島（アリューシャン列島）の核実験反対運動にその起源を求めることができる。バンクーバーでは、核実験により津波が来るというので反対者が集まり、抗議の方法を検討した結果、核実験海域に抗議の船を送ることとした。こうしてフィリス・コマック号はアメリカの核実験海域に向ったが、悪天候のためアムチカ島に到着できなかった。

しかし、バンクーバーにこの船が帰港すると、数千人の人から歓迎を受けた。それは人々の強い反核感情を世界に示すものと解釈された。さらに、第3回目の同島での実験に対し、2回目の抗議船エッジウォータ・フォーチューン号を送ることにしたところ、寄付金や乗船希望者が殺到し、報道陣も乗せての出港となった。しかしこの抗議の船が島より700海里のところで核爆発が行なわれた。この実験の2、3日後、アメリカは以後の実験を中止すると発表した。1972年のことである。核実験は環境問題のほんの氷山の一角にすぎず、この抗議団体は引き続き運動を継続すべく、グリーンピース基金という組織を作ることにした。こうしてバンクーバーに最初の事務所が設けられた。[2] それ以降グリーンピースは、フランスの南太平洋での核実験反対、反捕鯨、有害物質排出との戦いに取り組んだ。10年ほどバンクーバーを中心に活動したのち、本部をアムステルダムに置き国際本部とした。クジラと捕鯨船の間にグリーンピースと書かれた高速ゴムボートを進入させたり、発電所の煙突に登り、「止めろ」の垂れ幕をかけたりの手段で巧みにマスコミを引き付け環境問題を世界に訴えた。グリーンピースはこのような直接行動と非暴力の戦術を取ったのである。

　1994年には、ロシア、東ヨーロッパ、開発途上国を含む30ヵ国以上に事務所を置き、千人以上の職員を雇い、1億ドルの年間収入、600万の会員を有するに至った。[3] グリーンピースは4つの問題、すなわち毒性物質、エネルギーと大気、原子力問題、海洋と陸の生態系の領域で運動をしている。

　1985年、フランスの諜報組織は、ニュージーランドのオークランド港に停泊中の、フランスの核実験に反対するためのグリーンピース所有の船（レインボーワァリア）を爆破した。船にいた写真家が死亡した。これは、グリーンピースの活動に対する、国家テロ行為であり、ニュージーランドとフランスの外交問題に発展した。フランスのエルニュー国防大臣がこの責任を取り辞任、フランスが損害賠償すること、工作員の処罰など事後処理がなされた。

　1993年10月、グリーンピースは、日本海で放射性廃棄物を海上投棄するロシア海軍の船を映像で捕らえ、マスコミに流した。[14] グリーンピースのゴムボートがロシアの船に接近、放射性廃棄物の投棄の様子を明白にテレビの画

面で捕らえたのである。日本政府はあわててロシアに中止を求め、またロシアも善処を約束した。

　プルトニウムのフランスから日本の海上輸送船を追尾し、世界にその位置を知らせつづけたのもグリーンピースであった。ほとんどの国が自国領海の近くを日本のプルトニュウム輸送船が通過することさえ拒否する中、グリーンピースは現場での目撃を通じて全世界にその危険性を映像で伝えたのである。

　1995年、フランス（シラク政権）が全面核実験禁止条約の署名前に南太平洋で核実験を再開した時、グリーンピースは抗議の船を実験海域に派遣した。グリーンピースの船はフランス海軍の艦艇により乗員もろとも拿捕されたものの、全世界に核実験の現場を見せ核問題を強く印象づけたのである。

　このようにグリーンピースは生態的危機に対する認識をメディアを通じて世界に広め、多数の人々に地球にやさしい生活をするように直接呼びかけるのである。特定の国家が大使を通じて核実験に抗議するより、はるかに大きな反対の意志をフランスや世界に伝えたのではなかろうか。このころ世界的に広がったフランス産ワインやチーズの不買運動もグリーンピースが呼び掛けたものではないが、こうしたメディアを通じての強い反核運動の呼び掛けに対する反応であろう。

(2) WWF（世界自然保護基金）

　WWFは、マックス・ニコルソンやユネスコの事務総長を努めていたジュリアン・ハクスレイ卿、実業家、王室関係者を発起人として、1961年スイスのグラントに誕生した。王室関係者を入れたのは、資金集めを容易にするためであった。ニコルソンは長年英国政府の自然保護局長を務めた人物である。1960年にハクスレイ卿が「オブザーバー」誌に野生動物の絶滅の危機を訴えたことからWWFは始まると指摘されている。[4] このころアフリカの植民地が独立し、東アフリカの動物のことが心配になったからと説明されている。

　WWFの目的は資金を得ることがまず第一であった。WWFはアフリカの

指導者になりそうな人物を集め、野生動物の保護を主張した。また、アフリカ諸国の支持を得るため、自然保護の経済的利益を強調したり、国立公園での観光開発は自然保護を支えると主張したと言う。またWWFは生物の多様性保護が商業的利益にも繋がるとも主張した。[5]

　WWFは、27ヵ国に支部を置き、600万人の会員と2億ドルの年間収入を得ている。[6] WWFは個々の種の保存を目指したが成功しなかったことから、その絶滅の危機に瀕している動物の生活空間をも守ることが必要と判断するようになった。すなわち野生生物の保護区を設けることを選んだのである。そのためWWFが各政府に働きかけて公園を設ける方法が採られ、手法や専門家などを供給するため当該政府に資金援助を行うようになった。それでも、絶滅種を救えないことが明らかになった。保護地区内に生活する貧しい人々は、生きるためにそこで必要なものを採取せざるを得ないのである。つまり住民の生活の必要性をも考慮しなければ、野生生物の保護は不可能であることをWWFは認識するに至った。開発途上国全体では一兆ドルの対外債務を負っている。この負債のため開発途上国は、環境を犠牲にしてまで返済に務めなければならなくなっている。ましてや、負債を抱えた開発途上国政府が野生生物の保護のための予算など組むことは不可能である。そこで、WWFは、自然保護のために負債を肩代わりする方式を取り入れた。まず、WWFが、地域で環境保護活動をしている団体を見つけ、その団体が資金を得れば保護活動をより活性化できるかどうかを確認する。次に、WWFが開発途上国の負債を買い上げるのである。債券を持つ銀行は、途上国の返済能力を疑問視し、不良債券として早く処理したいため、割引でそれらの債券を売却する。WWFはこれらの債務を安く買い入れ、第三の段階として、その負債を当該国の通貨に交換する。そして、WWFはその資金を当該国の自然保護のために使用するというわけである。WWFは途上国の環境保護団体に資金を供給し、途上国の自然保護運動を助けることが可能になると説明されるのである。[7] WWFは、エクアドル、コスタリカ、フィリピン、マダガスカル、ザンビア、ボリビア、ポーランドでこのような負債と環境保護の交換をしている。

　WWFは開発途上国の村に活動の場を設定し、地元対策をたてている。地

域主義の路線といえる。

(3) 地球の友

地球の友は、1969年、シェラ・クラブ事務局長を辞任したディヴィド・ブラウアーによりアメリカに創設された。ブラウアーはおもに原子力問題を巡りシェラ・クラブの多数派と対立したため、17年務めたこのクラブを辞任した。ブラウアーはシェラ・クラブと対照的な、出版物発行を中心とする、官僚主義に陥ることのない、個人の行動を認める多元主義的、分権的、国際的、反権力的、反原子力の立場を取るNGOを設立した。[8] やがてブラウアーはこの組織を離れたが、地球の友は成長し50を越える国に支部や事務所を有するに至った。とくに、東ヨーロッパや開発途上国に多くの支部を持つ点が特色である。各支部ごとに雑誌を発行し、活動についても地域の問題に応じて支部が独自に判断する。国際部はロンドンに置かれ年2回会誌を通じて、世界的活動を報告する。組織は分権的であり、連邦制のように大きな権限を各支部に与えている。世界各地の支部は、名前と方向性のみを共有していると言ってよい。各支部の判断により、地球の友にしかできない活動を行なう。フランス支部はロワール川のダム建設反対運動を、ポルトガル支部は、日本製自動車のポルトガル海岸線での投棄計画に反対し、デンマークではコペンハーゲンでの新交通システム導入を促進した。また、地球の友は他の環境NGOと協力して運動する点に特色を有する。地球の友はナイロビに環境連絡センターを、アメリカでは他のNGOとグールプ・オブ・テンを組織し、NGOどうしの連絡組織を設けた。[9]

地球の友は、国家の行動により環境問題が効果的に解決されると考えている。したがって国家に働きかけることが多い。いわゆる、ロビー活動である。しかし、ロビー活動も限界があるので、他の方法により政府に圧力をかける。[10]

2．国際的環境会議とNGO

1972年にストックホルムで国連主催の人間環境会議が開かれた時、NGO

がもう一つの環境会議を開催した。これは本会議に圧力をかける効果をねらってNGOが主催したものである。そしてこの会議以降、NGOの国際会議への参加が定式化された。[11] ストックホルムに来たNGOは134であった。[12] 20年後のリオ会議では、1,400以上のNGOが92グローバル・フォーラムに参加した。環境NGOの変遷をうかがわせる。しかも、リオ会議の場合は、準備段階からNGOが関与し、条約の交渉段階から会議の終わりまでロビー活動を行った。

　ワシントン条約（絶滅の危機に瀕する動植物の取引に関する条約）締約国会議では、一般の本会議傍聴、関係NGOの発言が認められていて、WWF、グリーンピース等のNGOが会議を指導する場面がよく見られる。

　環境NGOが国際的協力の必要性を痛感し、連絡組織を設け始めたのは1989年以降のことである。1987年のオゾン層保護のためのモントリオール国際会議を傍聴していたアメリカのNGOが始めたとされる。[13] 1989年3月、ロンドンで開かれたオゾン層保護のための会議には、93名（27ヵ国）のNGO代表が参加した。[14] NGOの相互に連絡を取りあっての参加は、これ以降定例化したのである。1991年1月に始まった地球温暖化防止条約の交渉では、約40の環境NGOは気候行動ネットワークを結成し、二酸化炭素削減目標値を条約の本条に挿入するように働きかけた。産業界の団体からなるNGOは逆の運動を展開した。

　1988年、ベルリンで世界銀行の総会が開かれたが、何万人の人々が街頭でデモをした。新聞は、世銀の融資が第三世界に役立っていないと書き、世界銀行の職員やベルリンに集まった銀行員の考えを変えたと言う。[15] 1989年3月、世界銀行はアマゾンの水源開発の融資を取り消した。また、世界銀行は環境部門の人員を増員することにした。1989年の世界銀行の総会（ワシントン）では、50ヵ国よりNGOが集まり、国際NGO集会を開き、インドへのダム融資を中止すべきことを決議した。また、NGOは同年10月にはアメリカ議会に働きかけて、世界銀行の融資についての公聴会を開かせた。アメリカが最大の出資者である世界銀行はアメリカの意向を常に反映した運営をしなければならない点をNGOが利用し、アメリカ政府を通じて世界銀行に影響

を及ぼそうとする試みであった。

　1975年、沖縄の石垣島に新空港を建設することを県が決定、1982年には運輸省が県に建設許可を与えた。予定地は、サンゴの豊富な海面であり、近くには世界最大級の青サンゴが生存することがわかっていた。地元、那覇、関西、東京で反対運動が盛り上がった。反対派は政府に署名を提出、また1988年には、コスタリカで開かれていたIUCN（世界自然保護連合）の総会にこの問題を持ち込み、総会の反対決議を得た。1990年IUCNは調査団を送り込み、予定地の生態調査をおこなった。さらに、WWFの名誉総裁エディンバラ公が現地を訪問、日本の総理大臣に手紙を書いた。このように石垣島新空港反対運動では国際的NGOの圧力を利用して運動を進める戦術が取られた。空港建設は中止された。これは、国際的NGOの影響力がその効果を発揮したためかもしれない。

　環境と開発に関する世界委員会（ブルントラント委員会）の報告書「われら共通の未来」は、リオ会議の方向づけをした重要な文書である。[16] この報告書では、NGOが、政府、財団より高い優先順位を与えられるべきことが強調された。NGOの活動を活発にすることは効率のよい投資であるとしている。すなわち政府の手の届かない所にも達することができるからである。NGOの権利を拡大し、情報を与えることが必要である。ストックホルム会議でのNGOの役割を高く評価した。ストックホルム会議以降は、NGOが危険を警告し、環境への影響を評価し、対策を示し、大衆的、政治的利益となったと総括している。

　リオ会議で採択されたアジェンダ21は、NGOの役割について第27章「NGOの役割強化」で詳細に述べる。そこではその役割を重要なものと評価して政府や国連諸機関にその育成を指示している。[17]

3．NGOと国際的環境問題

(1) 環境問題の変遷

　1960年の初め、環境の運動家はゴミの投棄や景観の悪化を取り上げていた。公園や川をきれいにすればよいと考えたのである。しかし、時代がたつにつ

れ、運動はゴミ問題一般に広がり、リサイクルに行きつく。さらに、ゴミのリサクルから自然の循環へと広がり生態学的循環の大切さに行きついた。環境問題の概念が広がってきたのである。それはリオ会議が示したごとく環境問題は第三世界の貧困をも含む概念となったのである。北米自由貿易機構やGATTの交渉では、貿易が環境問題として取り上げられるようになった。また、社会正義も環境問題との関連で論じられる。

国際的なNGOはこれらすべての変化にかかわってきたわけでない。生態学的知識の普及の結果生まれた団体であると同時にその知識を広めたともいえる。[18]

(2) 国際政治におけるNGOの評価をめぐって

伝統的研究者は国家政策に注目し、その観点からNGOの役割を評価する。主権国家の相互作用が本質的な政治活動であり、権力とは国家が保有する手段であると理解するのである。NGOは政府の行為に影響を与えるから、NGOが重要になってきたとする議論である。[19]

これに対しては、NGOの活動は国家に影響を与えるのみでなく、より大きな範囲での集団に影響している点を直視すべきであるというワプナーの主張がある。[20] 例えばグリーンピースの行動は武器や法律によらず、人々の感性に訴え新しい文化の樹立を呼び掛けるのである。

国家を環境問題解決の中心とする考え方を国家主義と呼ぶ。他の考え方は、現行の分権的国家体制のもとでは、環境問題の解決は難しいので世界政府を作り対応すべしとする。超国家主義の考え方である。世界政府こそが一貫した総合的対策をたて、地球を全体として守ることができるとする。

国家主義も超国家主義も国家の制度的枠組みにより環境問題に対応できるとする考え方である。これはいずれも政治における国家の役割を重視し、他の方法を評価しない考えである。[21] ワプナーはこれらを、伝統主義的発想と言う。

これに対し、ワプナーは国家は中心的存在であるが、決して国際政治の随一の存在でないと、主張する。国際環境政治に変化をもたらすためには、国

家制度の内側、外側で機能する非国家的機能を利用しなければならない。[22]
環境問題の複雑性は、国家制度の機能を上回っている。国家制度のみにたよる改革ではどうにもならない。環境政治は国家関係を越えたところで環境保護をめざさなければならない。

　ワプナーの主張は以上のとおりであるが、ここで便宜上この考えを地球主義と呼ぼう。NGOの国際環境政治における意味をきわめて積極的に解釈しようしている。国際政治の主要な役者、国家の限界をワプナーは正しく把握していると、私は思う。環境問題の意義が大きく変化し、人間の生存を脅かす事態になった以上、新しい発想が緊急に求められているのである。

　NGOは国家という枠組とはまったく違った運動エネルギーであり、おそらく環境問題解決のための大きな希望ではなかろうか。それは権力とは違った次元から、人間の考えと行動に影響を及ぼす不思議な存在なのである。

(注)
1) フレド・ピアス「緑の戦士たち」平澤正夫訳、p. 34、相思社、1992年
2) P. Wapner, "Environmental Activism and World Civic Politics," Suny, 1996, p. 47.
3) 同上。
4) ピアス、同上、p. 13
5) ピアス、同上、p. 19
6) Wapner、同上、p. 77
7) Wapner、同上、p. 97
8) Wapner、同上、p. 121
9) Wapner、同上、p. 125
10) Wapner、同上、p. 155
11) 米本昌平、「地球環境問題とは何か」p. 143、岩波新書
12) 同上。
13) 同上、p. 145
14) 同上、p. 146
15) ピアス、同上、p. 264
16) The World Commission on Environment and Development, "Our Common Future," p. 325, Oxford University Press, 1991.
17) 海外環境協力センター「アジェンダ21」p. 360、1996
18) Wapner、p. 64
19) Wapner、p. 58

20) Wapner、同上、p. 13
21) Wapner、同上、p. 8
22) Wapner、同上、p. 10

参考文献
・長谷敏夫「日本の環境保護運動」東信堂、2002年

第24章　企業

　企業が環境に大きな影響を与えていることから企業と環境の関係を考えることは重要である。2000年においては売上高とGDPで見ると世界の経済主体上位100の内、53を企業が占める。[1] 地球環境保全のために企業が何をなし、何をなすべきかを考えたい。日本の経験を中心に考える。

　ここでは3つの視点から問題を考察したい。第1は否定的関係である。そこでは企業は公害被害者により責任を追及され裁判所の命令により賠償金を払う事例がある。また企業が現状回復措置を取らされる場合もある。この関係は受動的である。第2次世界大戦後の日本経済の奇跡的発展は悲惨な公害病患者を生み出した。1960年代から環境汚染にたいする企業の責任が全国的規模で追及されて来たのである。今日でもいくつかの企業は汚染に対する賠償を余儀なくされている。第2の視点は企業によるある種の環境政策の採用である。企業が社会的責任を意識し環境を汚染することなく、また汚染を最小限に留めながら企業活動を進めようとする場合のことである。環境問題にたいする企業の積極的関与とも言い得る。企業によりその取り組みは表面的なものから、たいへん真摯なものまでいろいろある。第3は企業が環境問題を収益事業の中に取込み活動を広げる場合である。いわゆるエコ・ビジネスの登場である。

1．企業による環境汚染に対する賠償

　1960年代と1970年代、企業は環境意識に目覚めざるを得なかった。産業公害は目に余るものがあった。ある企業は人の健康や生命までも奪うような操業を行なった。四日市の石油コンビナートを構成する8社は大気汚染により、周辺住民に喘息などの公害病を引き起こしたし、富山の神通川流域では三井鉱山の排出したカドミウムがイタイイタイ病を、水俣ではチッソが周辺住民多数に水銀中毒症を引き起こした。1970年代初めこれらの加害企業は裁判所により損害賠償の支払いを命じられた。

千葉市の川崎製鉄、大阪市西淀川区、川崎市、倉敷市の各大気汚染訴訟でも企業側の責任が認められてきた。

水俣市を中心に発生した水俣病はその患者数、損害賠償額からいっていちばん深刻な問題を提起した。株式会社チッソは1973年に熊本地方裁判所により、損害の賠償を命じられて以来増大する水俣病患者に賠償金を支払うことが難しくなった。熊本県は、チッソが倒産したら企業城下町水俣市が経済的に破綻し、水俣病患者救済に支障がでることを恐れた。しかし政府は汚染者負担の原則から、チッソを財政支援することはできないとした。そこでチッソを倒産させないため、熊本県が県債を発行し、チッソに融資するという形が取られた。

1978年、熊本県はチッソに融資を開始、1993年までには680億円が貸付けられたが、チッソはずっと赤字であり、さらに106億円の追加融資が行なわれた。[2]

昭和電工株式会社は、新潟県内で水俣病を起こしたとして、1971年に裁判所より損害賠償金の支払いを命じられた。さらに昭和電工は、栄養補助剤トリプトファンを遺伝子操作により製造、おもに米国へ輸出してきた。ところがトリプトファンを飲んだ人のうち、数十人が死亡、数万人に障害が発生した。そのために昭和電工は米国において1989年以降多額の賠償金の支払いを余儀なくされている。[3]

兵庫県尼崎市の大気汚染に苦しむ公害病認定患者の提起した訴訟（1989年）では、関西電力、旭ガラス、古河機械金属、住友金属工業、クボタ、合同製鉄、中山鋼業、関西熱化、神戸製鋼所の9社が、国、阪神高速道路公団とともに被告となっている。1999年2月17日に、これら被告9社が24億円の解決金を支払うことおよび公害防止対策を進めることで原告（379人）と和解した。

大阪市淀川区の日本油脂の工場跡地4.6haから高濃度のヒ素と水銀が検出され、地下水もヒ素で汚染されていた。汚染土4万1千トンの土砂を運び出している。10億円以上かかる費用は日本油脂が負担する。[5]

このように企業の活動により各地に汚染が広まったが、すべての汚染に対して企業がその責任を問われるとは限らない。偶然に汚染の被害が判明した

時のみに企業が渋々その代価を払うがごときである。瀬戸内海の豊島に違法に捨てられた産業廃棄物50万トンの処理費用は、捨てた企業が倒産したため払えない事態となった。そこで企業の監督責任を問われた香川県がその代価を払わざるを得なくなった。

2．企業による環境管理制度へ

多くの企業は政府の作った環境規制に従うが、一歩進んで政府の施策に協力し、または政府の規制をこえて環境対策を取ることができる。あるいは戦略的思考のもと新しい環境政策を採用することができるのである。環境保護運動により、圧力を感じる企業は経営姿勢をより「緑」にしなければならない。表1は価値観が環境論のもとではどう転換するのかを示した。

環境論的価値観への転換

価値観	伝統的	環境論的
人間	個人主義 個人の利益 独立 階層的（階級）	共同体の一部 共同体の利益 独立的 相互依存
自然	人工的な物にする 人間の外の世界 搾取の対象	生命体 人間の世界の一部 共生すべし
人と自然の関係	人間中心主義 支配し制服する	調和的共存 自然との調和 育み 自然の保全

(Paul Shrivastava, The Greening of Business, p.5, "Business and Environment" St. Martin Press, 1993より引用)

企業に対し政府の施策に協力するよう求めることが最近ますます増えてきた。リオの地球サミット、環境基本法、環境基本計画などでは企業に柔らかく協力を求めている。世論は環境問題に強い関心を示すようになってきた。

このような状況下で、経済団体連合会は、1991年経団連環境憲章を採択した。

環境庁の最近の調査「環境にやさしい調査」によればいろいろの措置が取られている。環境に関する経営方針の決定、環境目標の設定、行動計画の策定、環境組織の設置、環境監査の実施、環境教育の実施、環境情報の公開などでこれらの措置は任意で選択的に行なわれている。株式上場企業のうち74.4％が何らかの環境組織を有している。[6]

環境管理制度を採用する企業が増えている。環境管理に関しては、ISO14001（環境管理）の採用が進みとくにヨーロッパや北米で活動する多国籍企業には環境管理は不可欠とされる。1996年ISO14000シリーズが日本でも有効となり、1997年7月の時点で330の工場がISO14001を取得した。電気、機械工業の会社のうち、すでに56.15％がその資格を取得している。[7] 日立、NEC、コニカ、トヨタはすでに環境管理システム、環境監査制度を構築、環境担当の取締役を置いている。

国際標準化機構（ISO）が作った環境管理システムと環境監査の規格がISO14000シリーズである。ISO14000シリーズは企業に対し、企業が活動する上で青写真を提供するために考案されたのである。基準は企業が特定の環境目標を明らかにし、また環境監査手続き、活動評価、研修、教育を進めるための手引きとなるものである。ISO14001は第三者認証を目的とした環境管理システムの規格である。

NECは環境教育プログラムを5段階で実施、セミナー、会議を開き、旬刊誌を発行している。環境計画の中期目標、年間目標を作成している。NECの1994年の中間目標によれば、基本原則を作成し、すべての工場のための目標を決め、監査による評価を検討しISO14001導入のための経営改革、環境教育推進、エコビジネスの推進を定めた。

西友は業界第三位のスーパーである。1990年に総合的な環境対策を講じた。自然保護、持続的成長の可能な社会そして人間環境の保護を3原則とした。環境担当者3人を置き、取締役を議長とする環境委員会があり、環境監査を外部機関に委託した。環境によい製品を売ることめざし、製品の開発、簡易包装、ビニール袋に代えてポリエチレン袋の用意、トレイの回収、買物袋の

持参を推奨している。また、エコマークのような公的なものでなく、西友独自の商品差別化として、232の商品を自然にやさしいものとして指定した。2000年までに20％の商品をこの分類に入れるという。[8] これらの措置は西友の熱心な取り組みと評価できる。顧客の信頼を得ながら環境にやさしい商品を開発、販売して企業活動を維持しようとするものである。

　最終消費財の製造業者や小売り業者は広告を重視し、消費者に常に呼び掛けを行なう。一方製鉄業界、金属、発電、化学業界、金融業界は最終消費者からやや離れた位置にあり、これらの業界では環境管理制度に前者よりの関心が低くなりがちで、グリーンコンシューマーの影響が間接にしか届かない事情がある。

　企業の環境に関する社会的責任が、1990年代になりますます重要視されるようになり良い企業であることを社会に印象づけるためには、環境問題に対処していることを示さなければならない。[9] ある企業は「環境報告書」を毎年作成し、公表するようになった。企業の環境への取り組みを社会に報告するひとつの手段である。日本の500人以上の従業員がいる上場企業の30％が環境報告書を作成している。[10] 環境コミュニケーション大賞（環境大臣賞）に環境報告書部門があり、2006年の第9回受賞社は、沖縄電力と大和証券グループであった。[11]

　最近では環境報告書からCSR（corporate social responsibility）報告書の作成へと変化が見られる。CSR報告書は環境への責任を含む。企業が社会で信頼性を確保するために、社会における責任ある行動を確保するための1つの方策である。

　2005年4月から施行の環境配慮促進法は、独立行政法人に環境報告書の作成、公表を義務づけた。[12] またグリーン購入法により、政府は環境によいものを調達しなければならない。

　消費者が購入時にエコラベルを1つの選択基準として利用できるエコマーク制度は、1989年に始まった。日本環境協会が第三者機関として、エコマークの認定作業を行なう。[13] エコマークの取得には2つの条件を満たさなければならない。(1) 環境に対する負荷が小さいこと。(2) 当該商品の使用にあた

っても環境への影響が小さいこと。審査の基準は、相対主義で平均的商品よりも汚染やエネルギー消費が小さいことが要求される。[14] 審査ではリサイクルの可能性、森林資源の保護、水の少量利用、大気汚染、水汚染の少ないこと、エネルギー消費のより少ない生産方法を経ていることなどが考慮される。1996年12月の時点では69の分野において2,032の商品が指定されている。1,000の企業が製造者となっている。[15] 家電、焼却炉、自動車、窓、建設機械、合成洗剤、農薬、サービスなどは業界自体が対象商品とすることを拒否している事情から対象外となっている。対象品は家庭消費財に限られている。日本では、エコマークの申請がある商品のうち84％が承認されるという。ドイツのブルーエンジェルの承認率1.5％～3％と比較すればその差は大きい。[16]

3. 拡大する環境商品市場

環境問題は企業に対して1つの挑戦として登場した。ある企業にとっては阻害要因となり、ある企業には成長の機会ともなる。企業にとって環境は大きな要因となっている。環境に関する新規市場が生まれつつある。環境破壊を防止する機器、汚染を除去する設備、環境質を測定する機器等新たな需要が生まれている。さらに、商品の購入にあたり、価格のみならず環境的要因を考慮して消費者が商品を選ぶというグリーン購入が、新しい動きとして登場してきた。環境設備工業会（460社加入）では、1996年に1兆5,707億円の売り上げがあったとしている。[17]

京都議定書は温室効果ガス（炭酸ガス）の削減方法の1つとして、排出量取引を認めた。2005年2月の京都議定書の発効により、排出量取引は現実化した。炭酸ガスの排出枠取引市場を年間59億トン規模として、トンあたり30ドルとすると23兆円が見積もられている。[18] 企業がすでに参入し、取引を始めている。

(1) 安全農産供給センター株式会社

1973年に「使い捨て時代を考える会」が京都市で組織された。1,000世帯の会員は安全な食物を供給するため、この株式会社を1975年に設立した。有

機的栽培、国産で無農薬栽培による農産品、食品添加物を使用しない加工食品、せっけん、漂白剤を使用しない下着、タオルなどを会員（約1500世帯）に供給する会社である。2006年3月現在、この会社は土地建物、2トン積みトラック8台を所有、12人の専従者を雇用している。年商は約5億円である。運動のための手段として作られた会社であるから株の配当はゼロである。

(2) リヴォスとボディショップ

1972年3人の生化学者が、自然素材から造るペンキの会社をドイツで設立した。屋内の化学物質汚染がひどくなる時代になり、リヴォスは安全な製品を製造する企業として出発した。石油から合成するペンキからは有機溶剤が空気中に蒸発し人体に悪影響を及ぼす。人類が昔から使用し安全性が確かめられてきた素材のみを使う商品の生産と販売に専念してきたのが、リヴォスである。リヴォスは、安全な住環境を求める消費者の支持を得て、90年代にはいり100人を越す従業員を雇うまでに成長した。

ボディショップは1975年、英国の女性アニタ・ロデックがブライトンで始めた化粧品会社である。動物実験を一切拒否し、自然素材のみで化粧品を作る会社として発展してきた。宣伝を行なわず、その分価格を低く抑えるという方針がある。今や、世界各国にボディショップは出店している。アニタは人権、平和、環境に関して運動を続けている。

(3) エコツーリズム

旅行会社は、環境保護団体と共同で団体旅行に代えて、少人数による環境破壊的でない旅行の在り方を研究し始めた。自然への影響を最小限に抑え、美しい自然に触れ合う旅行の企画がなされている。これらの旅行形態はエコツーリズムと呼ばれる。ユースホステル協会もこういった旅行の開発に熱心である。京都のNGO環境市民は、旅行者と協力してエコツーリズムの実験を行なっている。1つは修学旅行生のために環境を考える旅行を企画していることである。第2は自然の美しいところへ行く少人数の旅を企画してきた。

旅行会社にとっては、新しい商品の開発ということになる。エコツーリズ

ムの需要は、かなりあると見られている。

結論

　3つの視点から企業と環境の関わりを述べてきた。第1は、過去に引き起こした汚染に対して損害賠償金を払う企業を見た。日本の企業の環境との関わり合いはここから出発した。第2は、新しい環境管理制度を取り入れた企業を見た。企業イメージの向上と効率的な経営をめざす事ができると経営者は考えたのであろう。消費者の厳しい目を無視しては企業は発展しない。環境に配慮した経営姿勢を消費者に伝えることが重要となって来たのである。ISO14000シリーズの採用はその意味でたいへん企業にとり有益なものである。第3は、環境市場が新たに生まれ、そこに参入して利益を得る企業が出始めていることを指摘した。環境に負荷をかけないで製品を作る経営をむしろ強調して業績を伸ばしている企業もある。

　企業の環境に与える影響は大きく、企業の参加なしには環境問題は解決できない。企業の中には、これらをよく認識し行動を始めたところもある。消費者は商品の購入にあたり、価格のみが選択の基準でないことを示し始めている。

　環境問題は、企業活動にますます大きな配慮を要求していると言えよう。

(注)
1) 日本経済新聞、東京版、夕刊、2006年2月21日
2) 仁木壯、「環境と金融」p.35、財団法人トラスト60、1995年
3) ジョン・フェイガン「遺伝子汚染」p.9、さんが出版、1997年
4) 朝日新聞、1999年2月16日
5) 朝日新聞、1999年2月5日
6) 環境庁、「7年度環境白書」p.288.
7) 朝日新聞、1997年7月29日
8) 西友エコブックⅣ、p.18、1993年
9) Jacob Park、「持続可能なビジネスの文化と価値」p.27、第6回太平洋環境会議報告書、1998年
10) 日本経済新聞東京版夕刊、2006年2月21日
11) 同上
12) 同上

13) 山田国広、「ISO14000から環境JISへ」p. 70、藤原書店、1995年
14) 同上、p. 71
15) 同上、p. 71
16) 同上、p. 75
17) 日本経済新聞東京版朝刊、1997年8月21日
18) 江澤誠「欲望する環境市場」p.238、新評論、2000年

第25章　貿易と環境

1．自由貿易論

　比較優位説と国際分業論に基づく「自由貿易」は経済学者の合意事項である。「自由貿易」は反証のない限りよしとされた。自由貿易は関税を下げる、輸入数量の制限をせず特定品目の輸入を禁止しない。すなわち輸入に制限を加わえず、市場にまかせるのである。そうすることにより貿易量が拡大し経済発展に貢献するとする考えである。

　比較優位とは、各国が優位にある品目を生産し輸出すればよいとする考え方である。国際分業論は優位にある品目に特化すればよいとなす。

2．自由貿易論に対する反論
(1) 効率の点について

　外部費用（external cost）を内部化する国内政策を取っている国が外部費用を内部化しない国と貿易する場合、紛争が起こる。費用を内部化している国は、内部化していない国の製品に関税をかけてバランスを取る。非効率の産業を守るためでなく保護基準を下げる競争から自国の政策を守るためのものである。各国は費用の内部化のための規則を作る。外国へ輸出する国は、内部化の規則に従うだけということになる。

　競争は価格を下げる。価格を下げる方法は2つある。効率を上げるか、基準を下げるかである。基準を下げることは社会的、環境的費用を内部化することをしないことである。低い環境基準、低い労働安全基準、低賃金により費用を下げるのである。自由貿易は基準を下げる競争になりがちである。費用を外部化したり、無視して安くすることは効率にも反する。GATTにおいても囚人労働を例外としているが、子供の労働、保険をかけない危険な労働、最低条件の労働を例外とはしていない。

　利益を最大化しようとする会社は費用を外部化しようとする。国内では法的、行政的規制によりそれができない。しかし国際的にはそれがない。低い

環境基準、競争基準で生産できる国が高い基準の国に輸出すると、高い基準の国のそれを下げる圧力となる。

(2) 最適配分の点から

比較優位説は、自由貿易が貧しい国、金持ちの国両方を富ますと主張する。高い賃金国の労働者は賃金が下るが、貿易により物価が下がり全体として利益を受ける。しかし、これは資本が動かない前提での話である。資本移動が自由になると絶対的優位を求め資本が移動する。比較優位論は崩れる。資本の自由化が進むと賃金の平準化が強くなる。外国へ資本が動けば国内雇用がなくなる。低賃金国の賃金を上げることはある。しかしそれも過剰人口により吸収されてしまう。高賃金国の労働者の失業が増え、低賃金国に移動した資本の利益になる。

(3)市場の国際化

新古典派は、成長こそが世界の賃金を上げ、すべての国の賃金が先進国並になるという。しかし、世界の人々の所得が先進国並になると環境がどうなるのか。環境的制約がないという前提があっての話である。地球の生態系の再生能力は、現在の資源利用にも耐えられない。従って、すべての国の賃金が上がり資源利用が増えるとどうなるか。成長への限界は生産と分配の問題を押し流してしまう。自由貿易や自由な資本移動は、基準を下げる競争を促すのである。効率的生産、公正な分配、持続する経済を下方に均衡させる。専門化して効率を上げることができたとしても失うものはもっと大きい。自由貿易地域が広がれば広がるほど、地方や地域共同体の責任は軽くなる。企業はますます低賃金国で雇用を増やし、高い賃金国で商品を売りまくる。

貿易地域が広くなれば１つの地域の資源や汚染悪化からより長く逃れられる。資源が枯渇していない、また環境のよい所へ移れるからである。費用と利益を別々にでき、費用の内部化を避けることができる。多国籍企業が自由貿易を好むのは、この理由による。労働者や環境保護論者が自由貿易を嫌うのもこの理由である。

規制は常に費用の外部化に興味を示す。規制は費用を内部化するのに必要である。費用低下は効率の向上により達成され、費用の負担を他者にかぶせたり環境基準を下げるなどの費用低下であってはならない。

3. 途上国の累積債務

開発途上国から先進国へ金が流れ、途上国はますます増大する債務に苦しむ状態が続いている。途上国が、IMF、世界銀行、先進諸国から借入を行なえば行なうほど、その返済のため輸出指向型の経済政策を進めることを余儀なくされ、先進国市場に依存を強めることになった。先進国と途上国の経済格差は開くばかりである。

この傾向が続くのは世界銀行融資、ODAが途上国の支配層と多国籍企業を潤すからであるという説明もある。[1] 支配者層は経済の開発のもとに輸出向け換金作物の生産増を図ろうとし、多国籍企業は、自由貿易、規制緩和を要求することにより受け入れ国の政府と規制を逃れ行動の自由を得る。途上国の資源を収奪し、安い労働力を食い物とし環境を破壊する自由を享有するのである。

4. WTO（世界貿易機関）の成立

戦後国際経済体制は、ブレトンウッズ体制のもと、IMF、IBRDおよび「関税と貿易に関する一般協定」（GATT）により貿易の自由化をめざしてきた。自由貿易により世界経済を拡大させようとする考えを維持してきたのである。そして、GATT加盟国全体による農業、繊維、サービス、知的所有権、投資などについての包括的交渉が1986年ウルグアイで始まった。その交渉がまとまり、1995年1月には世界貿易機関（WTO）を設立した。WTOの目標は自由貿易の一層の発展である。

5. 環境と貿易をめぐって

多数国間環境保護条約、協定は数多く、環境を保護する目的の達成のため貿易制限をしているものもある。例えばワシントン条約の目的は、絶滅の危

機にある動植物の貿易規制である。モントリオール議定書は、フロンの取引を条約加入国と非加入国で禁止している。こうした規定は、制限なき貿易のWTOの原則と摩擦を生む。

また環境保護を目的とする国内法がWTOの規定と衝突することがある。例えば米国の「ウミガメ保護法」はウミガメ保護装置なしでエビのトロール漁をしている国からのエビの輸入を認めない。米国はウミガメを保護しない漁法を取るインド、パキスタンからのエビ輸入を「ウミガメ保護法違反」として禁止した。インド、パキスタンはこの措置をWTOに提訴した。1998年に米国は敗訴した。[2]

WTOの環境貿易委員会（CTE）ではWTO協定改正を議論している。制限なき貿易のWTOの原則に環境保全の視点を盛り込む交渉を進めているのである。現在のところWTOの例外規定は「人、動植物の生命や健康の保護、有限天然資源の保存のための規制」で、限定的である。例外規定のなかに「環境保護の規制を認める」という表現が入れば問題は一応解決するが、厳しい基準の適用が輸出の障害になることを恐れる途上国側は、「環境の定義が広すぎて保護貿易の口実に使われる」と反対している。さらに各国の環境保護政策に差異がある。

環境貿易委員会（CTE）での環境保全の視点を盛り込む話し合いは停滞している。

1998年末、OECDが進めた多国籍間投資協定（MSI）が環境NGOの反対などで断念に追い込まれた。97年10月、67ヵ国、560におよぶ環境NGO、開発NGO、消費者団体が共同で反対声明を出した。[3] 外国企業投資を自国企業と同等に扱うことは、地域の実情に合った環境規制や途上国などによる自国産業の育成政策に支障をきたす。いまの経済のグローバル化は、企業活動や物の流れの効率ばかり優先している。環境や労働、消費者、人権が置き去りにされているというのが環境NGOの主張である。

ヨーロッパ共同体（EC）は安全性を理由として成長ホルモンを含む牛肉の輸入を禁止して来た。米国の牛肉に牛成長ホルモンが残留しているから、米国の牛肉が標的となっている。またECによる遺伝子操作食品の新規認可、

輸入の凍結に関して、米国、カナダ、アルゼンチンは、WTOに提訴、パネル（裁定委員会）より、勝利の裁定を得た。WTOの協定に即しての判断であるから、環境保護や安全性をたてに貿易制限を加えることは難しいことを示した裁定であった。

(注)
1）鷲見一夫「世界貿易機関（WTO）を斬る」明窓出版、1996年
2）朝日新聞朝刊、1999年2月18日
3）同上

参考文献
・山崎圭一「現代環境論」第10章　環境と貿易、有斐閣ブックス、1996年
・朝日新聞朝刊、1999年2月18日、主張・解説「環境にやさしい貿易」難題WTO協定改正こう着状態
・Daniel C. Esty, "Economic Integration and Environemntal Protection," The Global Environment, CQ Press, 2005.

第四部　思考的接近

第26章　持続可能な発展

はじめに

「持続可能な開発」は Sustainable Development (Développement Durable) の訳で、「持続可能な発展」とも訳されている。日本政府関連の条約文書では「持続可能な開発」と訳されている。本題は、「持続可能な発展」としたが、本文中の言葉としては、「持続可能な開発」と言う言葉を使用する。

持続可能な開発は学界で議論されている。ところが誰もその意味を知らない。[1] 経済、人間学的、環境的、技術論、哲学的側面からの議論があり、多様な定義が与えられている。生産と消費の持続可能な水準、資源の埋蔵量等に及んでいる。意味の違いは方法論、パラダイム、思想的論争を反映している。

持続可能な開発の定義は経済的、環境的、社会的アプローチまたはその組み合わせに焦点をあてている。経済学的定義では、狭く持続可能な開発の物理学的側面に焦点をあて、再生資源、再生不可能資源の維持を強調する。他の定義は経済開発の純利益を最大化する最高の資源管理、あるいは人間を中心として人のまわりに開発をもってくる。開発のために人間を配置するのでなく、生活に影響する決定に参加する権利をともなうという主張もある。

持続可能な開発の定義についての一致はないが、法律、政治的出来事や接近法からは、持続可能な開発の普遍的な課題と性格が存在する。人間的、社会的状況における経済発展と環境基準のあいだにつながりがある。リオ地球サミットの挑戦は競合する目的の間に均衡を得ることであろう。

本稿では、国連を中心とした「持続可能な開発」概念の発展過程をたどり、国際法の分野での意味を明らかにしたい。

1．ストックホルム会議提案の中で

持続可能な開発の議論は1972年のストックホルムで開かれた人間環境会議にさかのぼることができる。酸性雨に悩むスウェーデン政府が環境に関する

国連会議の開催を提案したところ途上国の関心は低いものがあった。人間環境会議の準備過程で途上国の関心を高める努力がなされる中で、途上国の問題意識が明らかになった。それはすなわち開発の遅れによる貧困、不衛生、人口爆発、教育の遅れが問題という。開発こそが唯一の解決法であるとの主張であった。環境を汚染したのは、先進工業国であるから、先進国が責任を取るべきであるというものであった。開発を妨げるような政策は途上国は取れないと主張した。

そこで1970年の経済社会理事会は来たるべきストックホルム会議が低開発国の開発に特別の必要性を考慮することを求めた。途上国の問題を考慮することを確認したのである。同年の国連総会も同様の決議を行なった。これらの決議をうけてストックホルム会議の準備委員会は「開発と環境」を議題とすることを決定した（1971年2月）。

「持続可能な開発」の起源はこのようにストックホルムの人間環境会議準備の過程のなかで「開発と環境」という題で取り上げられたことにさかのぼる。

人間環境会議準備事務局は1971年スイスのフネに27人の専門家を招き「開発と環境」について討論を深めた。日本からは都留重人（一橋大学）氏が参加した。[2] フネレポートは、次の2点を明らかにした。
(1) 環境問題は先進工業国の経済開発の結果生まれた。途上国が開発の努力を集中している時にである。途上国の環境問題は貧困、不衛生、栄養不足、不良住宅、健康障害、自然災害など開発の不足による。
(2) 先進国の環境政策が途上国の貿易、援助、技術移転を妨げることがあってはならない。

フネレポートは、のちの持続可能な開発につながる内容を持っていたのである。[3] 1971年11月、リマに77ヵ国グループ96ヵ国が集まり第3回UNCTAD総会の戦略を協議したとき、ストックホルム会議でも共同行動をとることを確認している。

1971年12月の国連総会に途上国グループは「開発と環境」決議を提出した。決議は先進国が汚染源であるのでその対価を払うべきこと、ストックホルム

会議は低開発国の利益を考慮すべきことを謳う。米国、英国が反対し、東欧を含む先進工業諸国は棄権した。

2. ストックホルム会議の開催

1972年6月、いよいよストックホルムで国連主催の環境会議が開幕した。東ドイツの参加が認められないことを理由として、ソ連、モンゴル、キューバ、ブルガリア、チェコスロバキア、ハンガリー、ポーランドの諸国が欠席した。114カ国の参加があった。

ストックホルム会議（国連人間環境会議）は6つの議題を取り上げた。「開発と環境」はその中の1つであった。ほとんどの参加者は各国の環境大臣クラスであったが、インドからはガンジー首相が参加、途上国の開発の必要性を強調した。人間環境宣言、行動計画のなかに、開発と環境が入れられた。

1972年12月の国連総会はストックホルム会議の勧告に従い、国連環境計画（UNEP）の設立を決めた。さらにフィリピン、エジプト、イラン、レバノン、パキスタン、ペルーの共同提案「開発と環境」が採択された。この決議にたいしては110ヵ国が賛成、16ヵ国が棄権した。内容は下記のようであった。

1　UNEPの管理理事会は途上国の開発に配慮すること。
2　第2次国連開発10年の開発戦略では途上国の開発を優先すること。
3　UNEPの出資金拠出にあたっては、既存の開発援助の水準を下げないこと。

3. UNEPの取り組み

UNEPは設立時より、環境と開発に取り組むことになった。

ＵＮＥＰはメキシコのココヨクで専門家による環境と開発に関するセミナーをUNCTADと共催した。ココヨクでの報告は

1　多くの人が飢え、病気、家のない状態に苦しみ、環境悪化、資源枯渇が問題になっている。

2　分配の不平等によりすべての人々に安全で幸福な生活を保障できない。
   3　人間の基本的要求を満たさないものは開発とみとめない。少数エリートを富まし格差を広げるものは開発でない

とした。

1976年UNEP事務局長報告「環境と開発」が出された。管理理事会が環境と開発の問題を取り上げる必要を認め、特別議題とすることを決議したからである。

報告書は、国連の開発計画に環境にたいする配慮が少ないことを指摘、UNCTAD、UNDP、その他UNIDOなどの国連専門機関に環境配慮を要請した。先進国と途上国の格差が広がり環境が悪化すると報告した。

この報告を受けて管理理事会は環境と開発について、「環境上健全な開発」を求めた。

ストックホルム会議の前後は「開発と環境」という表題で取り上げられてきた。それが1973年の国連環境計画の設立以降、「環境と開発」という言い方に変化した。これは内容が変化したためでなく単なる修辞法の変化として理解してよいと、わたしは思う。

4．ブルントラント委員会（環境と開発に関する世界委員会）

1982年「環境と開発に関する世界委員会」の設置はUNEPの管理理事会で提案され、国連総会の承認を受けた。国連事務総長はブルントラントを委員長に任命した。委員会はスイスに事務局を置いた。国連総会にたいして環境と開発に関する報告書を提出することを任務とする。

ブルントラントが委員長に選ばれたのは次のような理由による。ブルントラントは当時ノルウェーの労働党の党首であった。ノルウェー政府で環境大臣を務めたあと総理大臣になった人物であった。環境大臣がともすればわき役でしかない現実を拒否し、希望を抱かせるからであった。

ブルントラント委員会（環境と開発に関する世界委員会）の報告が、開発途上国の貧困の解決のための開発を正面から取り上げたのは、途上国が多数派をしめる国連総会の意向を十分汲んでのことであった。委員会の23人の委

員の構成も、個人の資格で専門家を選出したものの、途上国出身者が過半数をしめるよう構成された。これは委員会設置にあたっての国連総会の決議に基づくものであった。ブルントラント委員会は2000年までの長期的な持続的成長を達成するために環境戦略を考え、長期的環境問題を定義し、対応手段を考えた。日本からは大来佐武郎氏が委員として参加した。この委員会の会期中、アフリカの飢餓、ボパールの事故、チェルノブイリの事故があいついだ。委員会は五つの大陸で公聴会を開いた。1987年報告書「我ら共通の未来」をまとめ、国連総会に報告された。

5.「持続可能な開発」

　ブルントラント委員会の「持続可能な開発」の考えは、開発途上国のきびしい生活を送っている多くの貧しい人々の生きるための最低の物的要求を満たすことが必要であるとする立場をとる。そのためには、開発が必要というわけである。

　これは開発途上国の貧困が最大の環境問題であるというインデラ・ガンジー首相の1972年の主張と共通している。「開発と環境」はストックホルム会議でとりあげられた後、国連環境計画により引きつづいて追求されてきた。開発途上国は、広がる一方の経済格差の是正を求めて来た。国連は「開発10年の年」を1960年代、1970年代、1980年代、1990年代に指定した。また途上国は国連貿易開発会議（UNCTAD）を通して、貿易の改善を求めた。そして、ストックホルム会議から10年して、環境と開発の問題が何も解決していないことを反省し、国連総会の下に、1983年「環境と開発に関する世界委員会」を設置したのである。

　一部の産油国が石油収入を確保、東アジアや東南アジア諸国が工業化に成功したものの、他の大多数の途上国は、貧困から逃れられない状態が続く。開発途上国にとっては地球環境が悪化したといって余分の財政負担、国際義務の履行を求められるのは心外である。地球汚染を引き起こした先進工業国が責任をとるのが筋である。

　人間が生存できる状態を作り維持することこそ、貧困に苦しむ発展途上国

の強い欲求である。貧困をなくすためには開発こそが唯一の方法である。まして、環境保護を理由に援助が減額されたり、貿易に制限が加えられ、開発資金が減らされることは認められない。

1985年以降、毎年途上国から先進工業国へ差し引き400億ドルの資金が流れているとブルントランド委員会の報告は指摘する。[4] この支払いは、おもに南の諸国の天然資源を輸出することによりなされる。すなわち自然を売却することを意味する。[5]

「われら共通の未来」の中での持続可能な開発は、次のような定義を与えられている。

持続可能な開発は、将来の世代が要求を満たすのを妨げることのないようなしかたで現代の世代の要求を満たすこと。要求とは、世界の貧しい人々の要求を最優先に考えなければならない。また現代および将来の世代の必要を満たすばあいの環境の容量にたいする技術的、社会制度的なものによる限界の存在を考える。開発とは経済と社会が発展することである。人々の要求と希望を満たすことが開発の主要な目的である。

環境と開発は離れた課題ではなく、不可分に結びついている。開発は悪化するような環境資源のうえには成立しない。環境破壊の費用を無視するような成長があるとき、環境は破壊される。これらの問題は縦割りの政策や行政組織により別々に扱うことができない。環境と開発は複雑な因果関係によりつながっている。

わたしたちは地球の生物圏に依存して生きている。しかし個々の共同社会や個々の国は他への影響を考えないで生存と繁栄を求めている。ある人々は将来の世代に何も残さないような勢いで地球の資源を消費している。他の人々ははるかに少ない量しか消費せず飢えと病気と短い寿命に耐えている。

このように「われら共通の未来」は国際社会のおかれている状況をきわめて的確に表現している。1987年の国連総会は、この報告に関する決議を採択した。そこでは、「持続可能な開発」が各政府の指導原則となるべきことを宣言した。決議は「持続可能な開発」を次のように定義する。

環境と天然資源が悪化し、開発への影響が心配になってきた。開発により現在の必要性を充足することが望まれるが、現代の世代が資源を枯渇させるような方法はゆるされない。開発は将来の世代の必要性を考えたものでなければならない。そのうえで、持続可能な、環境上健全な、開発をめざすべしとする。貧困を解決するためには、経済成長は必要であるが、資源をなくなるまで使ったり、また環境を悪化させてはならない。究極的には、平和の維持、成長の回復、貧困問題の改善、人間の必要性を満たし、人口増加の問題に取り組み、資源を保全し、技術を改革し、危険を管理すべしと主張する。政策を作るときは、環境と経済を統合せよという。

　この総会決議は、ブルントラント委員会の報告に同意を与えたのであった。したがって、この報告はリオ会議への方向を決定したといえよう。

6．リオ会議（地球サミット）
　リオ会議は1989年12月の国連総会決議（44／228）により開催が決まった。国連総会はブルントラントレポートを受けて、「環境の悪化の効果を逆転、防止するための戦略と措置を作成し、すべての国に持続可能な環境上健全な開発をもたらすために」国連会議を開くと決議した。
　1990年、会議準備委員会がつくられ、起草案の作成に取り組んだ。生物多様性については、国連環境計画の管理理事会が創った政府間交渉委員会が交渉を始めた。気候変動については国連総会の作った政府間交渉委員会が取り組んだ。これら3つの交渉がリオ会議をめざし動いた。これら交渉から5つの文書が生まれたのである。
　リオでの会議は1992年6月3日から14日まで、176ヵ国が参加して開かれた。リオ会議で採択されたのはリオ宣言、アジェンダ21、森林原則声明であった。気候変動に関する国際連合枠組条約、生物多様性条約の署名が行なわれた。これら5つの文書中に「持続可能な開発」の用語があふれている。

(1) リオ宣言

リオ宣言は全部で27の原則を掲げた。その中で下記の原則が持続可能な開発に触れている。

第1条：人類が持続可能な開発の中心にあることを謳い、自然と調和しつつ健康で生産的生活を送る資格があることを宣言した。

第4条：持続可能な開発を達成するため環境保護は開発過程の不可分の部分であるという。

第5条：すべての国は持続可能な開発を必要不可欠のものとして貧困の撲滅という課題において協力すること。

第7条：先進諸国は環境へかけている圧力、支配している技術、資源の点から持続可能な開発の国際的追求において有している責任を認める。

第8条：各国は持続可能でない生産消費の様式を減らす。

第9条：各国は科学的知見の交換、技術移転を通じて、持続可能な開発のため人材を育てなければならない。

第12条：すべての国の経済成長と持続可能な開発をもたらすよう協力する。環境を守るための貿易政策上の措置は恣意的な不当な差別的なものであってはならない。

第20条：女性の参加は持続的な開発のため必須である。

第21条：持続可能な開発の達成のため青年のパートナーシップを構築する。

第22条：先住民の文化・利益を尊重し、持続可能な開発への参加を促す。

第24条：戦争は持続可能な開発を破壊する。

第25条：平和、開発、環境保全は不可分。

第27条：持続可能な開発のため国際法の発展が必要である。

このようにリオ宣言は「持続可能な開発」の記述で埋まっている。リオの地球サミットがいかに「持続可能な開発」という考えに支配されたかを物語る。

リオ宣言は環境保全と経済開発の均衡を達成するために微妙な妥協点を表

現している。前文と27の原則からなる。1972年のストックホルム宣言を認め、地球の不可分、密接な結びつきを認める。ストックホルム宣言よりも具体的、特定的な表現をしている。宣言は将来の開発が計られる水準点を作った。持続可能な開発の意味とその適用されるべき場所を示した。宣言は微妙な利害調整をした。

原題は「地球」憲章と呼ばれたが、途上国の主張を入れて、「環境と開発に関するリオ宣言」となった。

リオ宣言は一般的権利、義務の原則ではない。法的拘束力がないのであるが、法的性格はそれぞれの条文ごとに考えなければならない。慣習法、慣習になりつつある原則、希望の表明、将来法的原則にすべきガイドライン等、様々のものがある。リオ宣言は挑戦的な人間中心主義を表明した。「人間は健康で生産的な生活を自然との調和のなかでおくる権利を有する」

リオ宣言の中心は原則3の「開発の権利」である。途上国の主張が容れられたのである。国際的文書では初めてのことである。しかしその権利の主体については、何も書かれていない。国なのか、人なのか、人の集団なのか不明である。

原則4は環境的配慮を周辺から経済的中心にもってきた。もっとも重要な長期的貢献である。さらに環境的条件をすべての国や世界銀行の開発融資につけることを示す。

(2) アジェンダ21

アジェンダ21は21世紀までに取るべき行動を書き上げた。いわゆる行動計画である。リオの地球サミットにおいて、環境と開発に関する行動計画を採択することが目的とされた。この行動計画案は準備会議の段階で、アジェンダ21と呼ばれるようになった。21世紀にむけての具体的な行動計画を意味したからである。全文は800ページにおよぶ。貧困の克服から汚染の解決まであらゆる内容が盛り込まれている。

アジェンダ21を実施するためには、年間6,000億ドル（60兆円）の資金が必要と見積もられている。先進国はこのうち100億ドルの拠出を求められて

いる。アジェンダ21に関しては、米国を除く先進工業国は、国内総生産の0.7％を政府援助とすること、および地球環境資金（GEF）により多く出資することを約した。

アジェンダ21に対しては、成長の推進と環境保護をおりまぜた、大風呂敷であるとする評価がある。また、先進国の持続可能的でない、生活様式には触れていない。むしろ先進工業国の生活様式が途上国の人々の目標となっている。しかし、60億人の世界人口が全部先進国の生活水準を採用すれば、地球の資源はたちまち枯渇し、汚染は壊滅的なものになる。先進国の生産形態、生活様式は、持続的開発の理念に合うとは考えられない。先進国は資源の食い潰しと汚染の増大にもっと大きな責任を負わなければならないのではないか。

アジェンダ21は、環境と開発の関心を統合した。基本的要求を満たし、生活を向上させ、エコシステムを守り、より安全な未来を作る文書である。

アジェンダ21は、法的拘束力をもたない勧告的文書であるが、いくつかの規定はすでに実行された。国連の経済社会理事会の機能委員会として「持続可能な開発に関する委員会」、「地球環境基金」（GEF）を作った。さらに、砂漠化防止条約の早期締結を勧告したが、1994年その条約は成立した。

(3) 森林声明

本声明は将来の「森林条約」を示唆するものである。森林破壊への対策について途上国と先進国が対立した。G7は条約案を支持したが、途上国は反対した。代りに法的拘束力のない森林声明を採択し、持続可能な利用、資金提供、植林が謳われた。

(4) 気候変動に関する国際連合枠組条約

「持続可能な経済成長の達成および貧困の撲滅という開発途上国の正当かつ優先的な要請を十分に考慮し、気候変動への対応については社会および経済の開発にたいする悪影響を回避するため、これらの開発途上国との間で総合的な調整が図られるべきであることを確認し、すべての国（とくに

開発途上国）が社会および経済の持続可能な開発の達成のための資源の取得の機会を必要としていること」を前文で謳っている。

すべての国の経済的利益に関わるので本条約は、持続可能な開発に関する条約であり環境条約ではない。環境的配慮を長期的開発目的に統合する総合的アプローチを試みている。OECDと77ヵ国グループはそれぞれ意見の集約に失敗した。基本的問題に関する南と北の交渉と見るわけにはいかない。

(5) 生物多様性条約

前文：諸国が自国の生物多様性を保全することおよび持続可能な方法により生物資源を利用することについて責任を有することを再確認し、最終的には、生物多様性の保全および持続可能な利用が諸国間の友好関係を強化しおよび人類の平和に貢献することに留意し、生物多様性の保全およびその構成要素の持続可能な利用に関する既存の国際的取り決めを強化し、および補完することを希望し、……

人間の開発による生物多様性の喪失の加速的な速さを止めるため考えられた条約である。国連環境計画のもとで交渉された。1980年世界保全戦略（WORLD CONSERVATION STRATEGY）がIUCN（国際自然保護連合）の働きかけで、UNEP管理理事会が取り上げたことに起源を有する。政府交渉委員会が1991年－1992年5月まで5回の会議を開き、生物多様性条約を作成した。生物の多様性の保全のみを目的としたが、途上国の主張で経済と開発を入れる主張がはいり、3つの目的を持った条約となった。持続可能な生物の多様性の利用と公正と公平な生物資源の利用の利益配分が盛り込まれた。

このように「持続可能な開発」はリオの環境サミットを支配した。ブルントランド委員会の報告書「われら共通の未来」（Our Common Future）なかで打ち出されたこの言葉が一世を風靡したのである。持続可能な開発はリオ宣言、アジェンダ21を貫く理論的支柱といえる。

7. 持続可能な開発に関する首脳会議

2002年8月末から9月の初めにかけて、南アフリカ共和国のヨハネスブルグで、国連主催の「持続可能な開発に関する首脳会議」が開かれた。リオの地球サミットから10年が経過し、リオでの合意の実現を再検討する目的で開催された。ヨハネスブルグ宣言と実行計画を採択した。ヨハネスブルグ宣言は内容の乏しい新規の内容を欠くものとなった。実行計画は調子のよい修辞のみで問題意識を踏まえた現実を反映せず、政治的不合意を隠すことができなかった。リオ宣言、アジェンダ21は1997年のニューヨーク国連本部での特別総会（アジェンダ21の実行のためのプログラム）、2002年のヨハネスブルグ会議により引き続き追求されることになった。持続可能な開発を求める国連会議はこのほかにも多く開かれた。結果は法的義務を定めるものでなく、寝言のような嘆願の繰り返しにすぎなかった。[3]

おわりに

リオ地球サミットでは国際法のなかで「持続可能な開発」が1つの概念として登場してきたのである。

リオ宣言の原則27は持続可能な開発分野の国際法のさらなる発展を謳っている。

しかし、持続可能な開発が国際的法律文書で用いられた時、何を意味するのか、目標なのか過程なのか原則なのか、かならずしも明らかではない。

持続可能な開発がすでに国際法の原則として確立されたとの主張もある。[4] その意味と効果は不確定であっても法律用語となっており、過程、原則、目的を指すという。環境、経済、市民的、政治的権利に関する国際的合意の集約体であるともいえる。持続可能な開発はいろいろのレベルでの目的のゆえに広い解釈の余地があるということである。北と南、国内と国際、経済と環境、社会などの分野で広い傘となっている。「持続可能な開発」は経済開発、環境保護、市民的政治的権利の尊重など専門分野の国際法に役だっている。

「持続可能な開発」は環境と開発の不可分の関係を示す言葉である。1972

年のストックホルム人間環境会議「開発と環境」の議題で議論されて以来、UNEPで継続審議され、さらには、環境と開発に関する世界委員会の検討に繋がった。この委員会が「持続可能な開発」という言葉を公式化し、リオの地球サミットを支配するに至った。

1997年、国際司法裁判所は、ガプチコバーナジマロス事件（スロバキアとハンガリー）において、「持続可能な開発」の原則は「経済開発と環境保護を調和させる必要性をあらわしている」とした。[8] これは国際環境法の中でも「持続可能な開発」概念が一定の位置を占める至ったことを示している。「持続可能な開発」を国際環境法の一般的な規範として認めざるを得ないと、私は考える。

(注)
1) Philippe Sands, "International Law in the field of Sustainable Development," p. 305, British Journal of International Law 1994
2) A／conF.45／10, "Development and Environment," Annex I, p. 2
3) Adil Najam, "The View from the South: Developing Countries in Global Environmental Politics," p. 231, Axelord et autre (ed.) The Global Environment, 2nd ed. CQ Press, 2005
4) Ernst Ulrich von Wiezsäcker, "Earth politics," p. 100, Zed Books Ltd, 1994.
5) 同上
6) Sandorine Maljean-Dubois, "Environnement, Developpement Durable et Droit International. De Rio à Johannesburg: et au-de la?" p. 599 Annuaire Fraçais de Droit International, 2002
7) Philippe Sands, 同上、p. 379
8) Philippe Sands et Jacqueline Peel, "Environmental Protection in the Twenty-first Century," p. 54, Axelord et autre (ed.) The Global Environment, 2 nd ed. CQ Press, 2005

参考文献
・加藤一郎（編）「公害法の国際的展開」岩波書店、1982年
・長谷敏夫「国際環境論」時潮社、2000年

第27章　環境倫理

　環境破壊の進む中で、地球との関係を人間はいかに考え行動すべきかを問うのが環境倫理である。今のまま流されていけば人類は破局に進むしかないことは1972年の「成長の限界」や「2000年の地球」で明らかにされていた。環境倫理は1つの思考方法、考え方である。この考え方にもとづいて生活様式、行動を環境を害なわないようにすることができる。

　本章では2つの考えを紹介する。第1はアルネ・ネスに始まるディープ・エコロジー（DEEP ECOLOGY)である。第2は日本で運動を展開している槌田劭の考えの紹介である。

1. ディープ・エコロジー

(1) アルネ・ネス

　アルネ・ネス（Arnes Naess）は1912年、オスロの裕福な家庭に生まれた。[1] フィヨルドと山へよくでかけた。2人の兄のように経済学を学ぶ。ネスは27才のとき、オスロ大学の哲学教授に任命される。ノルウェーの北極圏に山小屋を建てる。これがネスの家となる。1930年岩登りをノルウェーに紹介した。スキーと山歩きを愛した。またヒマラヤの登山家となる。7,692mのヒンヅークシに初めて登った。

　ネスは1969年オスロ大学を退官した。定年まで大学に留まらなかった。退職後、環境哲学の研究を進めた。ネスは非暴力の抵抗運動に参加した。ガンジー主義の非暴力を実行した。ナチスドイツのノルウェー占領や巨大開発計画に対する反対運動に参加した。暖かい心のこもった友情とユーモラスで多彩な趣味、知識、自然と真理に関する情熱的な愛、公正さと心の広さは多くの人を魅了した。[2]

　ネスの2人の兄の1人はニューヨークに住む。もう1人は、バハマで船主として生活している。ネスは甥の1人を養子にした。この息子はダイアナ・ロスと結婚した。

1973年にネスの最初の論文がアメリカに紹介された。1980年代になるまでディープ・エコロジーはほとんど知られなかった。カリフォルニア州にいたジョージ・セッションとビル・デビルが初めてネスのディープ・エコロジーに注目し、北アメリカに紹介したのが始まりである。

(2) ディープ・エコロジー

ディープ・エコロジーとは何か。ネスの説明は、浅いエコロジーと深いエコロジーとの対比によっている。経済成長と技術革新による環境保全をめざしているのが浅いエコロジーである。森林の科学的管理、若干の生活様式の変化をめざしている、たとえばリサイクル活動など。これはわたしたちの価値観や世界観に対し何ら根本的な問いをすることがない。社会文化制度や個人の生活様式を検討することもない。この技術的方法はディープエコロジーとはっきり区別される。

ディープエコロジーは社会的文化的制度、集団的行動、生活様式を根本的に変えてしまうことをめざしている。

a. 汚染

汚染にたいし浅いエコロジーは技術的に空気と水の浄化をめざす。汚染を拡散させる。法律により排出基準を決める。汚染工場は海外移転させる。深いエコロジーは生物全体の立場から汚染を考える。単に人間への影響のみを考えない。生物を全体的に考え、すべての生物の生存条件を考える。ディープエコロジーは汚染の深い原因にたいして闘う、表面的、短期的な対策ではない。

b. 資源

浅いエコロジーは人間のための資源を強調する。豊かな社会に住む現代の世代のための資源を考える。地球の資源はそれを開発する技術者に所属する。資源の価格は少なければ上昇し、多ければ下落する。植物、動物、自然物は人の資源としてのみ価値がある。使い道がなければ破壊してもよいと考える。

これに対しディープエコロジーは、資源や自然界は存在それ自体が価値があると考える。自然の物は資源だけと考えてはいけない。そのことは生産と消費の方法についての批判的評価につながる。生産と消費の方法の拡大が、どの程度人の価値を高めるのか。それが不可欠の必要性を満たすのか。経済的、法律的に、また教育制度は、破壊的生産増大に対しいかに変革されるべきか。資源の利用がいかに生活の質に関わるのかを考える。消費拡大による生活水準の向上よりも「生活の質」を考えるのである。

c. 人口

　浅いエコロジーは、過剰人口の脅威は開発途上国の問題として考える。自国の人口増加を喜び、経済力、軍事力の理由で人口増加を望ましいとする。人間の最適人口は他の生物の最適人口を考えることなく議論される。人口増による野生生物の住む土地の減少は、不可避の必要悪として受け入れられる。動物の社会的関係も無視される。地球人口の実質的な減少は望ましいとは考えられていない。

　ディープエコロジーは、地球の生命に対する過度の圧力は人口増加によると考える。工業社会の圧力が主な原因であり、人口減少が優先されなければならない。

d. 文化的多様性と適性技術

　浅いエコロジーは、西洋工業国のような工業化が開発途上国の目標と考えられている。西洋諸国の技術の受容は文化的多様性と矛盾せず、また工業化していない社会の文化的差異を過小に考えている。

　ディープエコロジーは、工業社会の侵略から非工業化社会の文化を守ことを考える。非工業化社会の目標は、工業社会の生活様式と同じものになることではない。深い文化的差異は生物の多様性と同じで、大切にされなければならない。西洋の技術の影響は、限定されなければならない。途上国は外国の支配から保護されなければならない。地方的な小さな技術は、技術革新の際に十分に評価されなければならない。

e. 土地、海の倫理

　浅いエコロジーでは、風景、生態系、川他の自然は、部分に分割され全体として考えられない。これらの部分は個人、団体、国の所有物として考えられる。保護は多面的使用、費用便益分析の点から考えられる。資源開発の社会的費用、長期的、地球的費用は考えられない。野生生物管理は将来の世代のために自然を残すものと考えられる。土壌汚染、地下水汚染は人的損害と考えられ、技術開発を信仰しているので、深い変化を不必要と考える。

　ディープエコロジーは、地球を人類の物と考えない。ノルウェーの景観、川、植物、動物界、領海はノルウェーの財産でない。北海の下にある油田も、いかなる国、いかなる人間にも所属しない。地域を囲むただの自然はその地域に属さない。

　人間はその土地に住み、不可欠の必要をみたすために資源を使うのみである。人間の不可欠でない利益と非人間の不可欠の利益が衝突するとき、人間は非人間の不可欠の利益を優先すべきである。生態学的破壊は技術によって修復できない。今日の工業社会の傲慢な考えは反省されなければならない。

f. 教育と科学研究

　浅いエコロジーは、環境の悪化と資源の枯渇は経済成長を維持しつつ健康な環境を守るための助言をする専門家をたくさん養成することを要求している。経済成長が破壊を不可欠とするなら、地球を管理するための技術を必要とする。科学研究は物理、科学などハードサイエンスの研究を優先しなければならない。

　ディープエコロジーはまともな環境教育が行なわれるなら、教育はもっと消費的でない商品にも注意を払うべきである。そのような商品はすべての人々に十分に配分さるべきである。価格を過度に強調することに反対する。

(3) ディープエコロジーの基本的考え

　1984年4月カリフォルニア州、デスバレーでネスとセッションが15年間の

デイープエコロジー運動を総括した。

a. 生態系圏

地球にある人間および人間以外の生命はそれ自身、価値を持つ。人間に役立つか否かによる判断ではない。この考え方は、生物圏に関する、もっと正確には生態系に関するものである。これは、個人、種、人口、生活空間、人および動植物の文化を含む。地球の生態的プロセスはそのままに維持されなければならない。環境は自然のままにあるべきである。「生命」の意味はもっと総合的に非技術的に理解される。生態学者のいう無生物である。川、景観、生態系を含む。

b. 生物多様性と豊かさ

これは多様性と複雑性に関する考え方である。生態学の立場からは、複雑性と共生は多様性を最大化するものである。単純な原始的植物や動物は生命の多様性と豊かさに貢献する。それらは、それ自身で価値を持つものばかりであり、より高い生命体への過程ではない。第2の原則は生命それ自身は多様性と豊かさの増加の過程にあると考える。ある生物が他の生物より価値が大きいとか小さいとか考えることを拒否する。

c. 戦略的方法論

物質的に豊かな国の人々は生物界に過度に干渉しており、これを適切なレベルに下げることは一夜ではできない。人口の安定化、減少は時間がかかる。中間的戦略が必要である。しかしこのことは、現代の問題を放置せよというのでない。極端に深刻な現代の状況が認識されねばならない。長く放置するほどより急激な方法が必要となる。深い変化がなされるまでかなりの多様性と複雑性が失われるであろう。種の絶滅のスピードは他の時期より100倍も速い。人間は、生物の多様性、豊かさを減ずる権利を持たない。

d. 人口

国連人口基金の報告書（1984年）は、高い人口増加率（2％以上）は、開発途上国の生活の質を悪化させると報告した。1974〜1984年の10年間に世界人口は8億人増加した。インド1国以上の人口増となった。2000年までに毎年、バングラデシュ1国の人口（9,300万人）ずつ増えるという。報告書によれば、全世界の人口の増加率は初めて低下したが、増加する人口の大きさは史上最高である。総人口が大きいからである。

先進工業国の人口増加を減らすことも大切である。先進国の1人あたりの消費量、ゴミの量を考えれば、先進国の生態系破壊は開発途上国の比ではない。他の生物の繁栄は人間人口の減少を要請している。

e. 人間の干渉

干渉は人間が生態系を変化させないということでない。他の生物も生態系を変化させている。問題はそのような干渉の性質と度合いである。野生生物地域を守る闘いは続けられるべきである。野生生物が進化するためには広い地域が必要である。現在の保護地域はそのような十分な広さがない。現在の人間の非人間生物にに対する干渉は行きすぎており、状況は悪化している。

f. 経済成長

工業国の経済成長は上記a〜cと矛盾する。現在のイデオロギーは物が少ないから価値があると判断する傾向があり、商品価値があるから価値があるとしている。多量の消費と廃棄が評価されている。政策は変更されなければならない。新しい政策は経済的、技術的イデオロギー的構造に影響を与える。

自己決定、地域共同体、地球的に考え地域的に行動などは、人間社会のエコロジーの基本概念でありうるが、ディープエコロジーの実行は全地球的行動を必要とする。

開発途上国政府はディープエコロジーに興味を示していない。コスタリカや少数の例外はある。工業国政府は途上国の政府を通じて環境政策を試みるが何も達成していない。たとえば砂漠化が起っている。

この状況を考えれば、NGOによる地球的行動の支援はずっと重大になっている。多くのNGOは草の根から草の根へ地球的行動を広げている。

g. 生活の質

「生活の質」についてある経済学者はあまりにも漠然としていると批判する。しかし、漠然としていることは、その意味が数量化できないということである。何が大切かを数量化できない。イデオロギーの変化は生活の質を高く評価するものでなければならない。生活水準の向上ではない。大きなことと偉大なことの根本的差異を十分理解したものでなければならない。

h. 優先順位

優先順位の問題が出てくる、何を最初にすべきで、次は何かを。

上記のことを支持するものは直接、間接に必要な変化をもたらすために行動する義務がある。

(3) ディープエコロジーの生活様式[4]

ディープエコロジーの支持者の生活態度と傾向を要約する。

(a) 質素な方法を取る。目標に達するのに不必要で複雑な手段を取らない。
(b) 本質的な価値をもつものに直接かかる行動を優先させる。単にぜいたく、本質的価値のないもの、根本的目標から離れたことに関する行動を避ける。
(c) 反消費主義、個人の所有物を最小にすること。
(d) すべての人に楽しまれる物にたいする関心度を高める。
(e) 新しいものに対する低い関心。新しいものに飛び付くことをしない。古い使い慣れたものを愛する。
(f) 本質的価値のある状況に生きる。単に忙しいことより、行動をする。
(g) 多種族、他文化を楽しむ。脅威と感じない。
(h) 第3、第4世界の状況に関心をもつ。
(i) 普遍的な生活様式をとる。他の人間、植物動物に不正義を働くことな

くして維持できない生活様式を求めない。
（ｊ）深さと経験の豊かさを求める。
（ｋ）生活をするための仕事でなく意味ある仕事を尊び選ぶ。
（ｌ）複式生活（ややこしい生活でない）をする。肯定的経験をできるかぎりするような生活をする。
（ｍ）利益社会でよりも共同社会で生活する。
（ｎ）第１次的生産に携わるか、尊重する。小規模農業、林業、漁業など。
（ｏ）基本的必要を満たす努力。欲望を満たすのでない。気分転換のために買物をする欲望を押さえる。所有物を減らし、古いものを好み、とくによく保存されたものを愛する。
（ｐ）美しいところを訪れるのでなく、自然の中に住む。旅行を避ける。
（ｑ）自然の中では、注意して行動し、自然を傷つけない。
（ｒ）すべての生命体を愛する。単に美しいもの、目立つもの、役立つものを愛するのでない。
（ｓ）手段としてのみ生命体を利用しない。資源として使うときは、本質的価値や尊厳を考える。
（ｔ）犬、猫と野生生物の利益が対立するときは、後者を支持する。
（ｕ）地方の生態系を守る努力をする。個々の生命体のみならず、その共同体をエコシステムの一部として考える。
（ｖ）自然に過度の干渉をしない。不必要、不合理なことをしない。自然を破壊する人を責めず、行為を責める。
（ｗ）決然と行動する。卑怯な行動はしない。闘う時、言葉と行動は非暴力で。
（ｘ）他の行動が失敗したら、非暴力、直接行動に訴える。
（ｙ）菜食主義が望ましい。

(5) ネスの業績

　ネスの哲学書は出版されていないものも多く、雑誌や新聞の記事として埋もれている。ネスの哲学的業績はノルウェーを除く哲学界にはあまり知られ

ていない。しかし、ディープエコロジーへのネスの業績についてはその名は国際的である。環境哲学と環境運動家の間ではネスは中心的な存在となっている。環境哲学とパラダイムを開発した業績は、特に20世紀の哲学者のもっとも大切な人物としての評価が与えられなければならない。

2．ある環境倫理の主張－槌田劭

槌田劭は1つの環境倫理を主張している。その思想は実践と不可分に結びついている。ディープエコロジーと槌田の考え方は一致する部分が多い。

(1) 使い捨て時代を考える会

1973年、槌田劭は「使い捨て時代を考える会」を結成した。20人余りの有志が集まった。古紙の回収から始め、せっけん、ミカン、平飼いの卵、有機的農法による産物と、取り扱い品目を広げていった。会員は消費者と生産者双方となっている。この会は共同購入を目的とする生活共同組合運動ではない。有機農産物を扱うのは、食物を通して現在の生活を考えるためである。考える素材としての農産物であるという位置づけをしている。

会員が増加してくる状況のもとで、いかに運動を継続するかについての議論から、会員農家から町に生活する消費者をつなぐ組織として株式会社の形を取ることが提起されたのである。こうして1975年に株式会社安全農産供給センターが設立された。

最初は貸し倉庫に数代のトラックを配置して会社は操業を始めた。農家に作物をトラックで取りにゆき、翌日各グループに配送する方式が取られた。各グループには5～8世帯からなり、配送された野菜を分け合う方式が取られた。価格は、年間の供給量とともに生産農家が十分な所得を得られる額に決められる。輸入品は生産者の顔が見えないこと、多大なエネルギーを使い輸送するムダがあることから扱わない。

2003年、会は30周年を迎えた。安全農産供給センターは土地、建物を所有するまでになり、8台の2トン積みトラックと13人の専従職員を配するまでになった。会員数2,000人、共同購入グループ560を数える。年商5億円の規

模である。週1回の配送は、食物のみならず、印刷物により情報ももたらされる。

　使い捨て時代を考える会は多くの主婦の活動により支えられている。反原発、リサイクル、遺伝子操作食品反対などについての運動がこの会の会員により継続されている。

　(2) 槌田劭の生い立ち
　槌田は1935年、大阪に生まれ、戦争中、福井県に疎開した。父は槌田龍太郎（農学者）であり、戦後、化学肥料の利用に反対した。槌田は朝鮮戦争での日本の復興を体験した。京都大学で金属物理学を学び、ペンシルバニア大学に留学したのち、京都大学工学部の助教授となる。60年代の終わりに全共闘が大学の権威に挑戦した時、槌田に大きな転機が訪れた。学生の投げた石が頭にあたったこともあった。

　次男がアトピーで苦しんだ。オムツを合成洗剤で洗っていた。2年ほどしてその原因が合成洗剤とわかったことから、親として大いに反省することがあったという。

　こうした体験から、世の中がおかしい、何かしなければいけないと思うようになった。この世の中は金本位で動き、人々は病み、将来の世代に負担をかけているのでないかと悩む。ヤマギシ会の愛農高校で学ぶ。世間から離れて世直しするのでなく、町の中の生活の中で世を変えることはできないものかと考えた。その考えから使い捨てを考える会が生まれたという。

　(3) 諸活動
　1979年、槌田は京都大学を辞職した。京都大学は物を造ることしか教えないと槌田は思った。京都大学の卒業生は社会の第一線にたって活躍している。しかし、それはものを作った後の仕事を習っていないので、むしろ社会的な問題を作り出しているにすぎない。このような大学に自分を置いておけないと考えたからである。槌田は京都精華大学に移ったのである。この学生の偏差値は高くないが、学生はのびのびしている。一流大学に入り、一流企業に

就職するのが幸せかということに疑問があるとも言う。

　槌田は滋賀県の山地を開墾し、4反百姓を目指す。そして農家登録をした。また槌田は料理講習会の講師を務める。みそ作り、オカラ料理などがテーマとなる。会事務所で新しい会員のために月1回説明会を開く。よく会の機関誌に短い文章を載せる。

　著作としては「共生の時代」(樹心社、81年)、「破滅にいたる工業的くらし」(樹心社、83年)、「未来へつなぐ農的くらし」(樹心社、83年)、「自立と共生」(樹心社、94年)、「地球を壊さない生き方の本」岩波児童文庫などがある。

　槌田は玄米食、野菜食中心の食生活を実行している。ネクタイをせず、運動靴スタイルで、新幹線には乗らない。車を所有せず。断食もする。

(4) 主張
　a. 人間尊重の生活主義
　「生きる必要を越えた過大な欲望を抑制しない限り破局は防ぎようがない」としても、自分の現実を顧みた時ため息をつくという。[5] 小さな抑制をしたぐらいではいまの破壊的な文明は止まらないほど巨大である。「人間は抑制しうるか」という問題に関係している。自動車に乗らずに生きることは難しい。原則として新幹線に乗らないといっても時には乗ってしまう。「ひとりひとりの努力だけでは地球環境の破壊は防げない。」「ひとりひとりが解決しなければならない」と理屈をこねてもしかたがない。危機の解釈と解決に明け暮れるのもおもしろくない。生きた生活の現実と自分たちひとりひとりの生きる幸せを離れて道徳を語るのもむなしい。日常の中の小さなこだわりから、自分たちの幸福をまず大事にしたいと主張する。[6]

　暖かい感情をもってやさしい人間の生き方を中心に考える。現在の人間はけっして幸せに生きてはいない。金儲けしか考えない激しい競争をしている。上昇思考に乗りお金と地位を求めるあまり、自由とのびやかさのある生活を忘れている。お金と地位追求の競争に明け暮れている「危険な錯覚」で動く社会が地球環境を破壊している。

あくせくと金に追われている世界から抜け出せば、その程度において人は幸福になりうると主張した。槌田は京都大学を辞めて幸せと言う。[7] 京都大学では四苦八苦しながら 上昇思考に乗る他に道はないと考えていた。自然の中に生きている生きもの達は自由で自立している。そういった道を大切にしたいと。

b. 農業中心

食べることが大切なのはそれが基本的必要性の問題であるからである。食物を作る農業が大切なのは当然である。しかし、金中心の世の中では農業では生きられない。[8] この状態からの脱却が必要である。農家と消費者は協力して助け合い幸せに生きることが大切である。化学肥料、農薬づけの農業から有機農業への転換を支持する。

c. 自然に近く生きる

われわれは、土を離れコンリートの箱に身を置き、地上高く寝る無理や金属の箱に身をまかせ空中に浮き上がる無理をしている。事故が発生しても自助不能な自然界に身をおいている。そんな危険とひきかえに文明の利便を楽しんでいるのではないか。その文明は金もうけのために拡大発展してきた。自然界の生きた世界は、コンリートや金属の密室も大地から足を離す無理もない。自然は生きている。緑の世界は、大地に根を張って生きている。この緑の世界が動物たちの生存を保証してきた。人間の生存もまたこの緑のおかげであり、豊かに生きる大地のおかげである。われわれの前に2つの道がある。金属、コンクリートの箱の中に孤独を選び、地に足つかぬ文明と金儲けに走るのか。はたまた多種多様の生きものが共生する緑に囲まれ、地に足をつけて生きるのか。[9]

おわりに

環境倫理は地球と人間の関係についての望ましいあり方を示すものである。人間中心主義をやめすべての生物に平等の価値を認め、共に生きて行くこと

を主張する。人間がすべての生物より優れていると言う考えを思い上がりと非難する。人間以外の生物、地球は、人間のために存在するのではない。人間は生物の一種に過ぎない。生物はお互いに深い関係を持って結びつき共存しているのである。

　カーソンは「沈黙の春」の最後の文章で。「自然の支配」と言う言葉の傲慢性を次ぎのように非難した。

The "control of the nature" is a phrase conceived in arrogance, born of the Neanderthal age of biology and philosophy, when it was supposed that nature exists for the convenience of man. [10]

(注)
1) Sessions, (ed), "Deep Ecology for the 21st Century", p. 187, Shambhala, 1995
2) Doregsson, Inoue, (ed.) "Deep Ecology Movement", p. xviii, North Atlantic Books, 1995
3) Sessions, ed. ibid. p. xix
4) Sessions, ed. ibid. p. 259
5) 槌田劭、「自立と共生」p. 183、樹心社、1994年
6) 槌田、同上、p. 185
7) 槌田、同上、p. 190
8) 槌田、同上、p. 14
9) 槌田劭、「破滅にいたる工業的くらし」p. 220、樹心社、1983年
10) 引用、Rachel Carson, "Silent Spring," p. 297, Hougton Mifflin, 1994

第28章　環境問題の研究について

はじめに

　1970年代は、環境庁の設立、公害立法の増加で始まり、裁判所は、環境汚染の責任を巡る訴訟を多く扱う事態が生じた。人間の作り出す物質により大気、水、土壌、食料が著しく汚染され、多くの問題をかかえるようになった。汚染の影響が直接に人間にふりかかるようになり、個人的対応ではとうてい解決できない状態にたちいたったのである。環境会議が毎月のように開催される時代となったのである。21世紀を迎えて事態はいっそう深刻となってきた。

　このような社会状況の中で学界はいかにこの問題を扱っているのだろうか。近年多くの若い人達が、環境問題に関心を示しその研究を志すようになってきた。それではどのように研究をすすめていけばよいのかという疑問がよく出されるので、これに示唆を与えられれば幸いである。この小論では、環境問題の研究の方法について考察を進めたい。

１．研究の始まり

　私自身、環境問題の一側面を特定の観点から研究してきた。1960年代の終わりごろは、ベトナム反戦運動、全共闘の運動で大学はその存在を深刻に問われていた。この時代に私は大学の教養学部にいた。そこには環境問題の特別の科目があるわけでもなかったが、国際法の専攻過程のなかで環境に興味を有するに至った。私の背景はこのようなものであるので、環境問題を十分に記述し、分析する能力が私自身にあるのかどうかとい疑問を常に持ってきた。

　私の環境研究の遍歴から始めたい。私は、国際法を在学中専攻し、海洋汚染の問題を卒業論文の対象にした。海洋の油による汚濁が国際社会の関心事となり、国際法の分野において汚染防止のための規制が条約の締結という形で形成されつつあった。海洋汚染防止のための条約がその当時存在し、また

一部の国により効果的な対策を取る動きがみられたのである。私の卒業年度の6月、ストックホルムで国連人間環境会議（1972年）が開かれた。海洋汚染の問題は主に政府間海事機関（IMCO）の管轄であったが、この会議でも当然触れられた。このストックホルム会議で採択された人間環境宣言は、「人類はいまや歴史の転回点に達した」と謳う。海洋の汚染というのは、全体の中の問題の1つにすぎないということを私に自覚させた会議であった。この会議によって私の関心は環境問題全体へと広がった。私は国際法の理論研究へと移らないで、環境問題そのものを研究対象とするようになったのである。

　大学卒業後、私は京都市役所に採用され、22年間そこで行政の実務にたずさわった。私の問題関心は、ごく自然に地方の問題に移っていった。仕事を始めてまもなく、神戸大学で日本行政学会（1974年春期大会）が開かれ、中村紀一氏の「住民運動試論」の報告を聞いたことがきっかけで、住民運動と環境、地方が私の中で結びついた。

　さらにその頃、環境法を活発に研究していた人間環境問題研究会（加藤一郎会長）に参加を許された。国際法の研究をしている人も参加してほしいというこの研究会の要請があったようである。この会は、国内法のほか外国法、政策的課題も研究しており、参加により私の興味は持続し、環境研究を継続することができた。市役所では、決して環境担当部局で仕事をしたことはなく、環境研究は純粋に課外活動であり趣味の世界であった。ともかくも私は住民運動、地方の環境政策を中心に研究を続けることができた。人間環境問題研究会では、民法や行政法の先生の多い中、私の研究は必ずしも法律学的なものではないし、むしろ、政策論に近い形での環境問題の接近方法をとってきた。

　市役所に就職してまもなく、1973年、カナダのヨーク大学環境大学院の修士課程に入学が決まるも、公務員の職を失うことになるので、留学を断念した。1989年の10月には、ベルギーのゲント大学法学部環境法セミナーを訪問する機会を得た。フランドル地方政府の招待によるものであった。1991年には、フルブライト若手研究員の資格で、エール大学環境・森林学研究科を訪

問した。市役所に勤めながら、年1回は、研究を論文にまとめ出版して研究をおおいに楽しんだ。

　1995年4月から国際関係学部（新設、東京国際大学）に勤めることになり、市役所を退職した。環境研究を専門にすることになったことで、もっと異なった視点、分析方法により、環境の研究ができないものかと思うようになった。

　また、状況の変化の影響もあると思う。1970年代は地域的な汚染問題が中心であった。そして1980年代後半になると環境問題はいっそう深刻化した。二酸化炭素の排出は増える一方であるし、有毒物質は地球各地に拡散し続けている。人間の行動、生活の方法を変化をさせなければ、解決につながらないことがはっきりしてきたのである。地方の問題のみの研究にとどまることはもはやできない状況にあるのである。

2．各専門分野での取り組み

　生態学は生物学の一分野としてハイエッケルにより創始された。1866年ごろのことである。生態学を「生物とそれを取り囲む環境との関係を研究する科学」とハイエッケルは定義した。[1] 1970年代になり、環境問題が顕在化すると、生態学は急に注目を浴びることになる。その意味も生物学上の狭義のものから、もっと広い意味で使われはじめた。生態学の発想が特に現代の要請に合致したのである。

　生物学は生態学の母である。生物の研究は、環境問題の解明に不可欠である。昆虫学や植物学などいろいろの分野がある。レイチェル・カーソンは、海洋生物学を学び、農薬による環境汚染を告発する「沈黙の春」を1962年に刊行した。

　農学もまた同様であり、自然保護と自然の管理の分野の研究において大きな位置を占める。その一分野の林学は森林管理に不可欠である。

　医学は、直接には、人間の健康、生命を研究する学問であるが、汚染により人体が影響を受ける今日、その実体を明らかにすることがまず要請されている。既に公害を巡る裁判では、疫学が重要な位置を占めるに至った。水俣

病の研究においては数百の博士論文が書かれた。[2)] 千葉大学大学院医科学研究科の森千里は環境ホルモンの人体への影響を研究している。

工学とりわけ都市計画、衛生工学も環境と深く関わり研究が進められている。土木工学においても、防災中心の考えから環境重視へと脱皮がはかられるようになった。

社会科学の分野では、法律学、社会学、経済学、行政学、政治学、経営学、教育学の中で、環境問題の研究が進められている。法律学ではまず汚染の被害者の救済という観点から民法の不法行為の解釈論が発展した。また公害規制法の研究が進み環境法という法学の1分野が成立するに至った。1973年に設立された人間環境問題研究会はおもに環境法を研究する学者の団体として活動してきた。本会の創立者の加藤一郎、森島昭夫、野村好弘は多くの研究を促進した。「環境法研究」（有斐閣）を年1回発行してきた。

人間環境問題研究会の国際法グループは、国際環境法の研究に会の発足当時から関わってきた。この研究会に加わっていた布施勉、鷲見一夫、岩間徹、磯崎博司，橋本博らは、国際環境法という新しい分野を確立しつつあった。このグループは1982年に岩波書店より「公害法の国際的展開」を刊行した。

1973年にシューマッハは『Small is beautiful』を著した。彼は経済学の諸前提を環境問題に照らし、主流派経済学に疑問を表明した。特に自然資源のうち、再生不可能資源（石炭、石油）は埋蔵量が決まっており、使えばその分が消滅する性格の資源であるところ、経済学はこれを将来の世代に残すべき貴重な資源とは考えず、単に価格によりこれらの需給量が決まるとする。彼はこの経済学の考えに対して異議を唱えたのである。さらに、シューマッハは物的欲望を最大限に満たすことを主眼とする近代経済学を批判した。しかし、シューマッハの批判は受け入れられる事なく非現実的と見做されてきた。1980年代後半になり、環境問題を考慮に入れた経済学を作ろうとする経済学者が出てきた。すなわち環境経済学の誕生である。1995年12月には、環境経済学・政策学会が発足した。2002年、岩波講座「環境経済・政策学」全8巻が刊行された。佐和隆光（京都大学）、吉田文和（北海道大学）、寺西俊一（一橋大学）植田和弘（京都大学）ら環境経済学の研究者集団が編集した。

この出版は環境経済学の発展を物語っている。

　2006年2月に他界された都留重人は経済白書を最初に担当された著名な経済学者であるが、早い時期から公害問題に経済学者として取り組まれた。[3] 宇沢弘文は理論経済学の大家であるところ、環境問題に鋭い分析を加えられた。

　社会学においても、1990年環境社会学会が結成された。機関誌『環境社会学研究』を発行し、年2回の研究集会を開催するなど活発な研究活動をしている。地域の問題としての環境をとらえ、住民運動の研究に実績を上げている。飯島伸子、富山和子、鳥越皓之らは、環境社会学の確立に貢献した。

　行政学は、環境問題に対応できる行政組織の在り方、環境政策の形成過程の分析、またその執行上の問題点の分析を通じて環境問題にとりくんできた。環境政策の主体としての政府、自治体の役割を研究する行政学者もいる。日本行政学会や、1996年6月に結成された公共政策学会の取り組みが期待される。1973年に行政学で博士号（南カリフォルニア大学）を取得した宇都宮深志は、『開発と環境の政治学』の題で、環境問題の政治過程を分析された（宇都宮深志著、1976年、東海大学出版会）。中村紀一は行政と住民との関わりあいという観点から、環境問題を分析された（中村紀一、『住民運動"私"論』、1976年、学陽書房）。

　教育学の立場から、環境問題をいかに教え、人間行動を環境保全に資するように改めるかという試みがなされてきた。環境基本法は、環境教育の必要を説き、文科省は学校における環境教育の研究を始めた。1,000人以上の会員を有する環境教育学会は、注目に値する。YMCAや民間団体も環境教育に取り組み、プログラムを開発している。

　経営学や企業論の立場からは、いかに企業をグリーン化するか、また環境をそこなわないで事業を展開できるかの観点から研究が進められている。企業の中に環境部を設け対応しているところが増えてきた。環境監査制度、環境報告書の作成など企業の取り組みが課題となっている。

　哲学の課題としての環境問題に取り組む人々がいる。環境倫理がその一例である。環境倫理は、自然の生存権、世代間の公平、地球全体主義を主張す

る。元鳥取環境大学学長の加藤尚武は『環境倫理学のすすめ』(丸善ライブラリー、1991年)刊行で、哲学者からの取り組みを明らかにした。アーネスト・ネスの主張するディープ・エコロジーも人間の根本的な生き方、考え方の変革をせまる。

ジャナーリストの世界でも環境問題に深く関わる人々がいる。朝日新聞にいた木原啓吉、石弘之、読売新聞の岡島成行、毎日新聞の原剛(いずれも当時)、ラムサールセンターの中村玲子は、著名な環境記者である。

京都の市民運動団体『環境市民』は、環境教育、環境問題の頭脳集団をめざして1992年に結成された。700人の会員を擁する。環境に関する分野の専門家が有機的に結びついて問題を総合的に理解することを可能としている。

3. 環境教育への挑戦

小中学校における環境教育の試みはいまだ実験段階であり、特別なカリキュラムが組まれているわけではない。青森県の中学高校の大多数が、国立公園八甲田山に毎年集団登山をするという。自然に親しみをもたせるねらいの企画であろうが、これら大集団の登山者により脆弱な山上の植物群が踏み固められ、ハゲ山はひろがっている。[4] 家庭においては家族で自然の中へと、四輪駆動車を野山に乗りつけ、自然が豊かにのこった土地を踏み固め、ゴミをすてて行くような行動が目立つ。自然はいいと言いつつ積極的にこれを破壊している風潮は、子供にどのような影響をあたえているのであろうか。

1990年代になり日本の大学では、環境関連学部の設立があいついだ。滋賀県立大学環境科学部、長崎大学の環境科学部、立正大学の地球環境学部、鳥取環境大学の環境情報学部、大東文化大学環境創造学部など学部の新設の一例である。さらに既設の学部の中に環境関連学科の新設の例もすくなくない。京都精華大学では環境社会学科を、恵泉女子大学では環境学科、上智大学法学部では地球環境法学科が設立されている。既存の学部のなかにも環境論や環境問題等の科目の新設も顕著である。担当教員は、自然科学を専攻した人もいれば、社会科学者もいる。法学部における環境法、国際環境法、経済学部のおける環境経済学、社会学部の環境社会学のカリキュラムが見られる。

ゼミ形式で環境の研究を指導する学部もある。

　さらに専門的に環境問題を学びたい場合は、大学院ということになる。北海道大学、筑波大学、名古屋大学、京都大学、上智大学などは環境研究をめざす大学院を設置した。これら大学院のカリキュラムは自然科学系、文科系どちらかの傾向を濃厚にもっており、進学者は自分の学部での専攻に照らして進学先を判断する必要がある。環境学の名を冠する大学院はいまだその歴史は浅く、さきに述べた各学問分野の環境問題にたいする研究の現況を反映して、各専門分野の科目の寄せ集めの域を出ていないのではないかとの印象を私は有する。また、大学院の研究科が環境の名を冠していなくとも環境問題の研究は可能であり、専攻分野によってはそのほうが望ましい場合もある。

　上記の日本の状況は1970年代に米国、英国、カナダの大学で環境関連大学院が多く新設された事と対比される。エール大学の林学・環境大学院、インディアナ大学の公共政策・環境大学院、デューク大学のニコラススクールなどの例がある。カナダのヨーク大学の環境科学大学院、英国のイーストアングリア大学の環境科学大学院などが知られている。

おわりに

　環境学が独立した学問というためには、単一の原理が必要であり、日本の環境学は既存の学問の寄せ集めであり、全体の構図はない。純粋科学として扱うのは難しいと、沼田真氏は述べられる。[5] 私もまったく同感である。既存の専門分野のなかに環境を対象とする分野があると考える方が正しい。

　一つの問題対象にたいして、複数の方法論や認識方法があってもよいのではないかと、私は考える。大切なことは問題解決にどれほど貢献できるかということである。このように環境研究は実践的課題を負っている。

　ハイデガーはかつて環境の問題解決は、東洋哲学ではなくこれを作り出した西洋文明によらなければならないと言明した。同様に私は、今日の文明の問題は学問の作り出した物であるから、やはり学問でこれを解決しなければならないと考える。環境問題研究はその役割を担うものである。

(注)
1）（引用、Padrutt, H., "Heidegger and Ecology," p.14, in a book「Heidegger and the Earth」, ed. by McWhoter, 1992. The Thomas Jefferson University Press, 1992.）
2）原田正純、『水俣病は終っていない』p.219、岩波新書、1985年
3）朝日新聞夕刊2006年2月9日、宮崎勇
4）八木健三、『北の自然を守る』p.178、北大刊行会、1995年
5）『環境学』p.15、朝日新聞社、1994年

――― 初出一覧 ―――

第8章　長野県の脱ダム政策をめぐって　原題「長野県ダム開発と環境論議」『東京国際大学論叢国際関係学部編』第10号（通巻61号）2004年

第10章　海洋環境の保護―海洋汚染、生物資源保護、海底資源開発―『国際問題』（2001年7月）No.496

第17章　国際問題としての遺伝子操作食品　原題「国際問題としての遺伝子組換え食品」『東京国際大学論叢国際関係学部編』第8号（通巻59号）2002年

第19章　日本の原子力発電開発政策　原題「日本の原子力発電開発政策について」『東京国際大学論叢国際関係学部編』第9号（通巻60号）2003年

なお、第17章及び第19章は、最新の情報に基づいて一部を書き改めた。

長谷敏夫（はせ・としお）
　1949年　京都市生まれ
　1973年　国際基督教大学大学院行政学研究科卒業
　1995年　東京国際大学国際関係学部　教授
主要論文
「名古屋市のゴミ問題と廃棄物行政」環境法研究第27号　2002年
『日本の環境保護運動』東信堂　2001年
「ヨーロッパ共同体と環境」東京国際大学論叢　国際関係学部編第5号、1999年
「国連環境組織の形成」東京国際大学論叢　国際関係学部編第4号、1998年
「地球環境と国際関係」『国際関係学講義』、原彬久（編）、有斐閣、1996年
「地球環境保護とNGO」国際問題、No.441、1996年12月号
「開発と環境」、『公害法の国際的展開』、加藤一郎（編）、岩波書店、1982年
"The Japanese Experience,"
O'Riordan, Sewell (ed), *Project Appraisal and Policy Review*, Wiley, London, 1981.
"Consuming Cities", N. Low (ed), Routledge, London, 1999.
"Le Développement durable et les Entreprises japonaises," Les Voix No. 101, 2005.

国 際 環 境 論
〈増 補 改 訂〉

2006年4月10日　第1版第1刷
定　　価＝2800円＋税

著　者　長　谷　敏　夫
発行人　相　良　景　行
発行所　㈲　時　潮　社

174-0063 東京都板橋区前野町4-62-15
電　話 (03) 5915-9046
FAX (03) 5970-4030
郵便振替　00190-7-741179　時潮社
URL http://www.jichosha.jp
E-mail kikaku@jichosha.jp

印刷所　㈲相良整版印刷
製本所　㈲武蔵製本

乱丁本・落丁本はお取り替えします。
ISBN4-7888-0602-9

時潮社の本

アメリカ　理念と現実
分かっているようで分からないこの国を読み解く
瀬戸岡紘著
Ａ５判並製・282頁・定価2500円（税別）

「超大国アメリカとはどんな国か」——もっと知りたいあなたに、全米50州をまわった著者が説く16章。目からうろこ、初めて知る等身大の実像。この著者だからこその新鮮なアメリカ像。

二〇五〇年　自然エネルギー一〇〇％（増補版）
エコ・エネルギー社会への提言
藤井石根〔監修〕フォーラム平和・人権・環境〔編〕
Ａ５判・並製・280頁・定価2000円（税別）

「エネルギー消費半減社会」を実現し、危ない原子力発電や高い石油に頼らず、風力・太陽エネルギー・バイオマス・地熱など再生可能な自然エネルギーでまかなうエコ社会実現のシナリオ。

労働資本とワーカーズ・コレクティヴ
樋口兼次著
Ａ５判・並製・210頁・定価2000円（税別）

明治期から今日まで、日本における労働者生産協同組合の歴史を克明にたどり、ソキエタスと労働資本をキーワードに、大企業に代わるコミュニティービジネス、ＮＰＯ等の可能性と展望を提起する。

大正昭和期の鉱夫同職組合「友子制度」
続・日本の伝統的労資関係
村串仁三郎著
Ａ５判・上製・440頁・予価8000円（税別）

江戸時代から昭和期まで鉱山に広範に組織されていた、日本独特の鉱夫たちの職人組合・「友子」の30年に及ぶ研究成果の完結編。本書によって、これまでほとんど解明されることのなかった鉱夫自治組織の全体像が明らかにされる